农业标准化与农产品质量安全

◎ 艾文喜　姜 河　梁卫东　主编

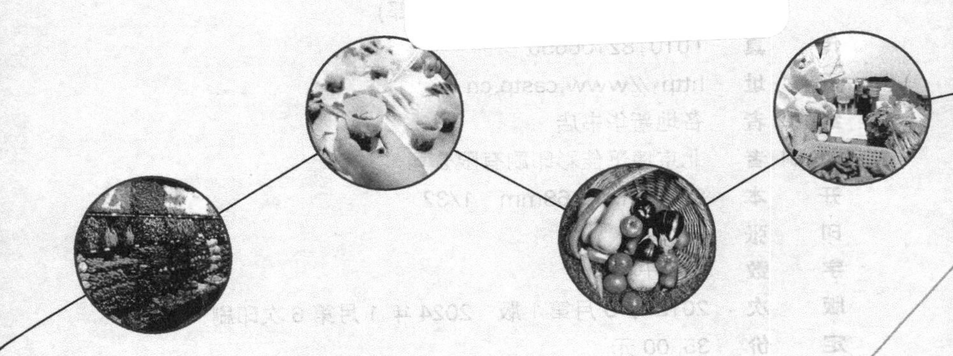

中国农业科学技术出版社

图书在版编目（CIP）数据

农业标准化与农产品质量安全／艾文喜，姜河，梁卫东主编．—北京：中国农业科学技术出版社，2019.6（2024.1重印）

ISBN 978-7-5116-4222-6

Ⅰ.①农… Ⅱ.①艾…②姜…③梁… Ⅲ.①农业-标准化-研究-中国②农产品-质量管理-安全管理-研究-中国 Ⅳ.①S-65②F326.5

中国版本图书馆 CIP 数据核字（2019）第 108997 号

责任编辑 白姗姗
责任校对 贾海霞

出 版 者 中国农业科学技术出版社
北京市中关村南大街 12 号 邮编：100081
电　　话 (010)82106638(编辑室) (010)82109702(发行部)
(010)82109709(读者服务部)
传　　真 (010)82106650
网　　址 http://www.castp.cn
经 销 者 各地新华书店
印 刷 者 北京捷迅佳彩印刷有限公司
开　　本 850mm×1 168mm 1/32
印　　张 8
字　　数 200 千字
版　　次 2019 年 6 月第 1 版 2024 年 1 月第 6 次印刷
定　　价 35.00 元

《农业标准化与农产品质量安全》

编　委　会

主　编　艾文喜　姜　河　梁卫东

副主编　海宏文　于　飞　刘慧楠　宋艳敏
李书红　李峰旗　连海平　尚平染
陈雪梅　李永峰　董玉珍　李会杰
焦玉香　赵彩芹　王素霞　康长胜
孙利君　曹士军　臧秀金　李春叶
李　峰　张艳红　梁　欣　李艳花

编　委（按姓氏笔画排序）
王艳霞　冯艳玲　沈海洋　陈　霞
范秀娟　林立艳　胡建红　逯　帅

前　言

农产品的质量关系我国人民的身体健康情况，也对我国在国际上的农产品产业市场有着重大的影响，所以农产品的质量一定要合格，要符合农业标准化的要求。培育出健康的农产品，为我国的建设和发展多提供一份保障，让人民的生活更加地幸福安康。农业标准化有利于规范农产品的质量标准，让农产品的生产过程更有章法，生产的产品更有目的性。

本书侧重科技知识，兼顾针对性、实用性和可操作性，旨在为广大基层科技人员和农民提供通俗易懂、便于学习和掌握的科技知识。本书内容包括农业标准化概述、农业标准的制定与编写、农产品生产标准化、农业社会化服务标准化、农产品品牌建设、农产品质量安全生产技术、农产品质量安全追溯管理等。

由于编者水平所限，加之时间仓促，书中不尽如人意之处，恳切希望广大读者和同行不吝指正。

编　者

2019 年 5 月

目 录

第一章　农业标准化概述

第一节　农业标准化的原理

农业标准化原理是指人们在农业标准化实践活动中总结出的农业标准化活动的内在规律。它是农业标准化理论的核心组成部分，是农业标准化活动基本规律和本质的理论概括，是对大量农业标准化活动的实践过程和结果，经过不断归纳、反复推理、验证提升而得出的最具有普遍意义的指导思想和方法规则，既能够正确指导农业标准化活动，又不断接受农业标准化活动的检验，在农业标准化活动中不断完善和提高。目前农业标准化原理主要包括农业标准化的基本原理、农业标准化的方法原理和农业标准化系统管理原理。

一、农业标准化的基本原理

（一）顺应生长原理

农业过程的本质是生物生长发育的持续过程，农业标准化所能反映出来的是人的操作行为在符合生物持续过程基础上的目标性的客观推动，所以制定标准的依据只能是人在研究和认识生物过程本质的基础上的客观规律反映。生物一旦进入某个农业生产过程，就会在自身规律的约束下前进，任何以外的措施，只能让这种运动的进程放慢或者加速，否则运动方向就会逆转，或者成为别的生物的生活基础。因此，农业标准化既然是对这一过程的客观反映和规则制定，那么就必须顺应这种运动的本质，并且以既定标准促进对生物过程本质的更明晰、更精确的发现和反映，其结果便成为制定（修订）标准的依据。

自然状态下的生物生长、发育，都是顺应环境条件变化的。在工业产品的生产过程中，产品的进程是随着操作者（无论是人还是自动化系统）的动作或行为过程而推进的，无论在哪一个环节，一旦过程中的操作停止了，该产品本身的既定进程也就停下来了，不存在这一产品的质在此阶段上的一定时间（甚至短时间）中蜕变（变质或无机化）的问题。

（二）环境依赖原理

农业生产过程具有明显的产地生态性和较强的环境依赖性。生物生产及其产品内在品质，取决于该生物对产地生态环境的最佳适应性。农业生产在确定了生物（或品种）之后，必须要在适合其生长发育的特定生态环境中开展生产，才能取得理想的结果。否则，即便利用任何先进技术，以高昂代价，进行人工环境的模拟，所生产出来的产品，其品质和风味也远不如原产地自然生态环境下的结果。农业标准化如果不遵从这一原理，就无法实现产品质的飞跃。

该原理从环境角度说明了农业标准化的过程并不能提前设定，而是在大原则下动态进行的。

（三）不确定性原理

由于生物生命过程与环境之间的多因素应变平衡，成为复杂的变化系统，使得农业标准化中的任何步骤的重复结果不会同值。以水稻产量为例，同一品种不同年份产量不一样，同一品种不同地块产量也不一样。

在农业标准化中，措施的效果（量值）始终表现在一个范围之内，每一次重复的结果不会与前次相同。

(四) 时滞效应原理

农业标准化的任意措施与效果表达之间总存在着明显时差。农业标准化实施应用一个措施之后，可能需要几天甚至十几天的时间，才能表现出效应来，我们视其为一种缓慢表达性。

在一个操作过程实施后，由于此操作的效应表现，是在操作停止后一段时间逐渐显现的，结果的表现是渐清晰过程，作用结果的消失亦是渐消失的过程，不存在即时效应的情况。除非操作是进行生物器官的机械分离过程，如采收、剪除等。这就是农业标准实施上的时滞现象。这种现象在面对生物生产的农业标准化操作过程中是永远存在的，它是由于农业过程的复杂性所导致的。

(五) 系统补偿原理

农业过程中的生物生长发育会对不良环境的作用表现出较强的应激能力，以补偿环境对自身的损伤。这种补偿往往会在一定范围内超过原有损失量，从而促进了生物体的自卫性增产反应。

在农业标准化中，充分审视与随时把握过程振荡脉搏，并采取动态调制措施以取得系统新质的正向发生而把握最佳秩序过程的平稳推进。

农业生产即以生物为主的繁育性生产过程。生物本身的系统复杂性及其系统之上的新质涌现特征，和生物所存在的环境系统一起构成的高一级复合性复杂系统，使新质涌现始终存在着结果的瞬时变化，其外征即表现过程振荡。例如，某种环境因素的刺激，在某个程度范围内导致的量的增加；或者受甲因子灾变性刺激后，对不利的乙因子的显著抑制而出现的有利补偿；或者过程出现异常迹象的同时利用过程管理措施加以补偿等。在这些情形下，实施农业标准化的最佳管理就是审时度势，动态调制，于既定标准方案中，及时采纳新的或者应急标准以补偿方案系统，使结果最终不受影响的同时，可能增加质或者量。

（六）过程多路原理

农业过程的每一个阶段，由于影响因子的复杂性，导致产生同一结果的过程表现非唯一性。农业过程的每一个位点或者阶段，由于采取措施达到同一目标的多通道现象，导致生产同一结果的过程表现非唯一性。

这一原理表现了农业标准化过程具有较强的灵活性。这是由于系统内影响因子的复杂性和生物本身的多样性所致。即每一个目标的实现，至少有两种途径可以达到。

由这一原理看出，农业标准化在不同层次上的既定要求精度是不同的。在农业标准制定、农业标准化方案建设和采标类型乃至标准具体应用的时空距离上都可以采取精确的量级，唯独在具体操作时必须强调具体情况具体分析。要满足实际中的“最佳秩序”这个目标，操作者的判断和调控能力在其中起着极其重要的作用。

该原理必然引出一个质量多层现象的结果。即使完全相同的农业标准化过程，其结果产品的质量也表现出多层现象。

（七）质量多层原理

农业标准化过程中的某个环节的质量与其下一环节的质量及其最终产品的质量之间存在着一定的非依赖关系；同一农业标准化过程后的最终产品质量亦非同质。

即便是应用一样的标准管理方法和技术过程，农业过程的最终产品仍然会出现质量多层现象，绝不会出现像工业产品那样的相同规格。

农业过程的质量多层现象虽然增加了农业控制的复杂性，但也体现了过程控制的灵活性。

(八) 相互作用原理

因农业过程的复杂性使过程内诸因子之间产生相互作用与平衡，伴随反馈机制的调节，为之制定并应用标准的过程仍然会产生相互作用。

应充分发挥和应用客观上反映出农业标准的正向互作性，实现农业标准在复杂过程中应用的高效性和增强性，达到系统论中的简单表示：1+1>2 的互作效果。

二、农业标准化的方法原理

农业标准化方法原理是在标准化基本原理基础上发展延伸而来，是引导和规定农业标准制订及实施过程更为科学有效的指导原理，是指导农业标准制定及实施过程科学有效的方法。

(一) 简化原理

1. 内涵

具有同种功能的标准化对象，当多样性的发展规模超出了必要的范围时，可消除其中多余的、可替换的和低功能的环节，保持其构成精练、合理，使总体功能最佳。

简化是在一定范围内缩减对象（事物）的类型数目，使之在既定时间内足以满足一般需要的标准化形式。简化是对农业过程中不必要的复杂化和混乱的事物进行合理的缩减和统一的方法。

2. 解释

在农业领域，多样化是最丰富、最复杂的，而且常常处在不停的变化过程中。在农业产业领域，由于社会需要的不断增加，加上各种科学、技术的思想原理的不断应用以及竞争的日益激烈，使得在农业领域中，从自然到人为，从生产到市场，从一般到奇特，都表现出相当的复杂性和多样性。这些能够表现出社会生产力的发展水平，但也造成多方面的重复、多余甚至无用的低效能情况出现，这显然是对农业有限资源的一种浪费，成为农业生产力发展中的负作用甚至产生破坏作用。而且农业领域中由于其特有的复杂性，有些浪费是非常隐蔽的，损失却是很大的。如应用化学农药防治病虫，由于使用者对农药的两面性认识不足，更对生态环境系统平衡、生态多样性和可持续发展几乎没有多少理解，只看到喷药可以杀死田里的害虫，从而重复用药，形成残留超标，环境污染，生态平衡遭到破坏，生物多样性向不利于人类生存的方向逆转等。这一例子足以说明在农业领域，多余的重复及其带来的负作用的为害有时是惊人的。

简化是对农业过程及其产品类型进行有意识又符合客观实际的自我控制的一种有效形式。农业过程十分复杂，生物自我适应及人的操作多样性在每一个过程均得以体现，但其中总有一种或少数几种方法最简单、最有效。只有通过简化，选择最有效或优化的方法，剔除效率不高甚至偏低的方法，才能以便捷的方式实现过程目的。

简化一般是事后进行的，是事物的多样化已经越出了必要的规模以后，才对其进行简化。简化是有条件的，它是在一定时间、空间范围内进行的，其结果应能满足一般需要。然而，简化并不是消极的“治乱”措施，它不仅能简化目前的复杂性，而且还能预防将来产生不必要的复杂性。简化也不是一般地限制多样化。通过简化，消除了低功能和不必要的类型，使生产系统的结构更加精练、合理。这就不仅可以提高生产系统的功能，而且还为新的更必要的类型的出现，为多样化的合理发展扫清障碍。因此，简化是为事物（尤其是生产系统）的发展创造外部条件。商品生产和竞争，是多样化失控的重要原因，只要商品生产存在、竞争还存在，社会产品的类型就有盲目膨胀的可能，简化这种自我调节、自我控制的手段就是不可少的。

简化能够体现在农业过程的每个环节。就生产过程来说，从各种基础资料、必要原料及生产中的各种措施，产品的收获、归属、贮运及市场过程等，都可作为简化对象。至于在管理业务的活动中，可以作为对象的事物也很多，如语言（包括计算机语言）、文字、符号、图形、编码、程序、方法等，都可通过简化防止不必要的重复，提高工作效率。

农业标准化本质上是一种简化，是社会多方面共同自觉努力的结果。农业标准化是为了减少目前的多样性，使之更有效地满足农业各项活动的需要。当农业标准化对象的多样性的发展超出了必要的范围时，即应消除其中多余的、低效能的、低质量的和低水平的环节，保持其构成和成分的精练、合理。如人工选择合理地创造着新的农作物品种，而且不断地淘汰不适宜的结构和成分以及旧的品种，发展优良的结构和成分以及品种。再如，实施水肥一体化技术，将施肥和灌水两个独立的农业管理过程有机结合，降低能耗，节省人力和物力。这就意味着简化。简化的基本方法是对处于自然存在状态的农业标准化对象进行科学的筛选提炼，剔除其中多余的、低效的、可替换的环节，精练出高效能的能满足全面需要的环节。简化的实质是精练化而非简单化，其结果不是以少替多，而是以少胜多。

（二）统一原理

1. 内涵

一定时期、一定条件下，对农业标准化对象的形式、功能或其他技术特性确定的一致性，应与被取代的事物功能等效。

统一是农业标准化的基本形式，是人类从事农业标准化的开始。统一的目的是确立一致性；在统一化过程中要恰当把握统一的时机，经统一的确立的一致性仅适用于一定时期。统一的前提是等效，把同类对象归并统一后，被确立的“一致性”与被取代的事物之间，必须具有功能上的等效，即从众多农业标准化对象中选择一种而淘汰其余的，但选择对象所具备的功能至少应涵盖被淘汰对象所具备的功能。

2. 解释

从农业现代标准化的角度来说，统一化的实质是使对象的形式、功能（效用）或其他技术特性具有一致性，并把这种一致性通过农业标准确定下来。因此，统一化的概念同简化的概念是有区别的，前者着眼于取得一致性，即从个性提炼共性；后者肯定某些个性同时并存，故着眼于精练。在简化过程中往往保存若干合理的品种，简化的目的并非简化为只有一种。在实际工作中，两种形式往往交叉并用，甚至难以分辨清楚，但二者毕竟是两个出发点完全不同的概念。

统一化的目的是消除由于不必要的过程多样化而造成的混乱，为农业生产的正常活动建立共同遵循的秩序。由于生产的日益社会化，各生产过程和环节之间的联系日益复杂，特别是国际交往日益扩大的情况下需要统一的对象越来越多，统一的范围也越来越广。

(1) 一定范围的统一。凡是需要而又可以在全国范围内统一的标准，必须制定农业国家标准（GB），不要制定农业行业标准（NY）或地方标准（DB）。凡是需要而又可以在种植业、林业、畜牧业、渔业、农用微生物业范围内统一的，必须制定农业行业标准，而不要制定农业地方标准或企业标准。但如农作物生产方面的标准，因要考虑不同地域资源状况、生产条件和技术水平等多种因素，就不宜在大范围内统一，而只能在一定的范围内统一，就要制定地方标准。而为了提高产品质量和市场竞争力，需要在企业内部统一的技术、产品等，需要制定企业标准。

（2）一定程度的统一。统一要先进、科学、合理，也就是要有“度”。明确规定农业标准中哪些内容、指标要统一，哪些不需要统一。如 GB 1350—2009《稻谷》标准中，色泽、气味一项，不同品种的稻谷色泽和气味各有不同。香粳的香味、血糯的色泽是其专有的，就不能作为农业国家标准中统一的内容或指标。

（3）一定级别的统一。应该在全国范围内统一的，就必须掌握统一的时机制定农业国家标准。该制定农业企业标准的，就不能依赖于农业国家标准、行业标准或地方标准的制定，以免阻碍农业企业生产、加工和技术的发展。

（4）一定水平的统一。一定水平的统一是指农业标准的指标应定多高和达到什么水平的统一。一般地说，技术指标应以先进、合理、适用为准则。

（5）一定时间的统一。农业国家标准、行业标准和地方标准的复审周期一般不超过 5 年。农业企业标准的复审周期一般不超过 3 年。

（6）一定理想多数的统一。农业标准中的统一不是统一为一种，而是统一为一定理想的多数，以适应社会各种不同的需要。

3. 统一的外在表现形式

（1）各类农业标准对同一农业标准化对象的规定要一致。在制定、修订农业标准时，可以采用、引用标准或引用条文，达到一致的目的。如各个标准中对苹果的定义、术语等的规定都应该一致。例如，GB/T 8559—2008《苹果冷藏技术》、NY/T 1075—2006《红富士苹果》、DB13/T 1405—2011《有机苹果生产技术规程》、QB 2657—2004《浓缩苹果浊汁》。不同农业标准对同一农业标准化对象规定不一致就容易导致农业生产秩序混乱，不利于农业生产的发展。

（2）农业标准的编写方法要统一。标准的编写必须使标准本身做到“标准”，任何标准都要严格按照GB/T 1.1—2009《标准化工作导则第1部分：标准的结构与编写》等有关标准进行编写，以提高标准编写的质量。

（3）农业标准的计量标准要统一。编写农业标准时应用的计量标准要统一，而且要与国际接轨，才能应对国际市场的要求。如为了与国际标准统一，在农业标准中避免出现斤、公斤、亩等计量单位，而应该用g、kg、hm^2等。

（三）协调原理

1. 内涵

依据系统科学原理，协调农业标准、农业标准化各相对独立系统的内外因素到平稳和谐、最优发展水平。

针对农业标准系统，协调标准内部各要素相关关系，协调一个标准系统中各相关标准间的相互关系，以农业标准为接口协调各部门、各个环境之间的相互技术、相关关系，解决各有关方连接和配合的科学性和合理性，使农业标准在一定时期保持相对平衡和稳定。

2. 解释

农业标准化系统的功能有赖于每个标准本身的功能以及每个相关标准之间相互协调和有机联系来保证。为使农业标准系统有效地发挥功能，必须使农业标准系统在相互因素的连接上保持一致性，使农业标准内部因素与外部约束条件相适应，从而为农业标准系统的稳定创造最佳条件。

协调原理应用于如下方面。

（1）农业标准内部系统之间的协调。在农业系统过程中，结合市场需要的预测，如产量的高低，市场需要产品色泽、形状、大小和时期，制订全程生产计划，应用多项标准，并要做到生产的每一个环节与系统的协调以及环节之间的衔接性良好，达到整体功能最佳。

（2）相关农业标准之间的协调。如生产的大米，其与生产过程中的肥、水、病虫防治、栽培管理及采收、质检、贮运等均有关系，涉及多个标准。在时序上的生产过程中，标准之间的协调显得十分重要。一般情况下，应当从最终产品的质量要求出发，对各个环节或要素给予必要的规定，从而保证整个相关标准的标准系统之间的整体功能最佳。

（3）农业标准系统之间的协调。农业生产过程不是孤立的，涉及多个方面，如交通、农业机械、化肥、水利、电力、教育、信息、管理等系统，这些标准系统之间的良好协调，会大大促进农业标准系统的高效实施。又如集装箱运输标准化就涉及公路运输系统、铁路运输系统、内海运输系统、空运系统的标准化，集装箱尺寸和重量等参数受这些大系统的制约，要求协调一致，才能发挥集装箱运输的优势功能。

（四）选优原理

1. 内涵

按照特定的目标，在一定的限制条件下，对农业标准系统的构成及其相互关系进行选择、设计或调整，使之达到最理想的效果。

2. 解释

农业标准化的最终目的是要取得最佳效益。农业标准化活动的结果能否达到这个目标取决于一系列工作的质量。在农业标准化活动中应始终贯穿着“最优”思想。但在农业标准化的初期阶段制定标准时，往往凭借标准起草和审批人员的局部经验进行决策，常常不做方案论证，即使论证也比较粗略。因而被确定的方案常常不是最优的，尤其不易做到总体最优。这就影响到农业标准化整体效果的发挥。随着生产和科学技术的迅速发展，农业标准化活动涉及的系统也日益复杂和庞大。标准化方案的最优化问题更加突出、更重要了。因此，适应于这种客观的需要，提出优化原理，即按照特定的目标，在一定的限制条件下，对标准系统的构成因素及其相互关系进行选择、设计或调整，使之达到最理想的效果。

农业标准化的这些原理都不是孤立存在、单一起作用的，它们相互之间不仅有着密切联系，而且在实际应用过程中又是互相渗透、互相依存的，它们结成一个整体，综合反映了农业标准化活动的规律性。

（五）农业标准化方法原理之间的关系

农业标准化的方法原理是农业标准化科学的核心内容，是农业标准化研究、农业标准化实践的一切过程的指导思想，是实现农业标准化的总指南。农业标准化方法原理是引导规定农业标准制定及实施过程的科学有效的指导原则。

简化原理和统一原理是从古代标准化形式中总结出来的，现代仍被人们广泛应用。协调原理和选优原理是从近代标准化特别是现代标准化的特点中概括出来的。

简化和统一都要经过协调达到选优的目的。现代标准化中，在简化、统一、协调过程中都贯穿一个一般原则，就是从多种可行方案中选择一个最佳方案，而这个最佳方案的选择必须借助于选优原理和方法。选优原理可以把简化、统一、协调原理所涉及的各个因素和约束条件用数学模型或通过计算机运算，使标准化目标获得最优方案。在标准化过程中，选优原理贯穿始终。所以在农业标准化的全部活动中，对农业标准化系统的构成加以简化，因素加以统一，关系加以协调，都要达到一个共同目的，即使整个系统的功能最优，这就是选优原理所起的作用。

在农业生产实践过程中，简化和统一也互相渗透，有些简化是为以后的统一打基础，而有些农业标准化对象的统一首先是从简化开始的。无论简化还是统一，都要经过协调，未经过协调的简化和统一是不可能达到总体功能最优的。统一原理和协调原理之间也有着不可分割的密切关系。农业各项活动要求技术上高度的统一与广泛的协调，农业标准化就是实现统一和协调的技术手段。统一要以协调为基础，协调也决不能离开统一的目标。

统一是农业标准化基本原理的核心。简化和统一的着眼点必须建立在最优化方案上，而要达到最优化就必须通过农业标准化系统内外相关因素的充分协调。

因此，农业标准化四条方法原理之间的关系可归纳为：经过充分协调，通过选优以实现最佳效果的简化和统一。农业标准化四条方法原理不是孤立地存在，孤立地发挥作用，而是相互渗透、相互依存，构成一个有机整体，综合反映农业标准化活动的规律性和本质性。

三、农业标准化系统管理原理

农业标准化系统是人造系统，源于技术与经验的结晶。这个系统建成之后，不能一劳永逸，需要对其进行管理和调整，以保持同环境的适应性。在标准化的初期，标准系统尚不完备，工作重心放在数量的增加上。但很快会提出农业标准系统管理方面的问题，要求从农业的质的方面进行提升。因此，今后一个时期内，我国农业标准将出现数量增长与质量提升并存，且很快要求以质为主的转变过程。所以，制定农业标准和完善农业标准管理体系的工作必须并举，在增加数量的同时，逐渐把工作重心向以调整标准结构为主的系统管理转移。

（一）系统效应原理

1. 内涵

农业标准系统的效应不是直接地从每个标准本身，而是从组成该系统的互相协同的标准集合中得到，并且这个效应超过了农业标准个体效应的总和。

这条原理是我们对农业标准系统进行管理的理论基础。

2. 工作原则

无论是国家农业标准化还是农场标准化，要想收到实效，必须建立农业标准系统。

建立农业标准系统必须有一定数量的农业标准，但并不意味着标准越多越好，关键是标准之间要互相联系、互相协调、互相适应。

制定每一项单个农业标准时，都必须搞清楚该标准在农业标准系统中所处的位置和所起的作用，从系统对它有要求出发，才能制定出有利于农业系统整体效能发挥的标准，最后形成的农业标准系统才能产生较好的系统效应。

（二）结构优化原理

1. 内涵

农业标准系统的结构应按照结构与功能关系，调整处理农业标准系统的阶层秩序、时间序列、数量比例以及它们的合理组合。

农业标准系统的结构不同，其效应也会不同，只有经过优化的农业标准系统结构才能产生系统效应。

2. 工作原则

在一定范围内，当农业标准的数量已经达到一定程度时，标准化工作的重点即应转向对农业系统结构的研究和调整上，要注意防止那种片面追求数量而忽视结构优化的倾向，这种倾向会削弱农业标准的系统效应，降低农业标准化效果。

为使农业标准系统发挥较好的效应，不能仅仅停留在提高单个标准素质方面，应该在保证一定素质的基础上致力于改进整个农业标准系统的结构。

当农业标准系统过于臃肿、功能降低时，可采用精简结构要素的办法，减少标准系统中不必要的要素和某些不必要的结构，其结果不仅不会削弱系统功能，还可以提高系统功能，这可看成是“简化”的理论依据。

（三）有序发展原理

1. 内涵

只有及时淘汰农业标准系统中落后的、低功能的和无用的要素，或向系统中补充对系统发展有带动作用的新要素，才能使农业标准系统由较低有序状态向较高有序状态转化，推动农业标准系统的发展。

2. 工作原则

及时制定能带动整个农业系统水平提高的先进农业标准。要特别注意及时清除那些功能差、互相矛盾和已经不起作用的农业标准。随着农业标准绝对数量的增加，这个问题会越来越突出，如果忽视了农业标准系统的新陈代谢，农业标准化活动就可能陷入事倍功半的局面。

（四）反馈控制原理

1. 内涵

农业标准系统演化、发展以及保持结构稳定性和环境适应性的内在机制是反馈控制。

2. 工作原则

农业标准系统需要管理者主动进行调节，顺应农业标准化科学发展的规律，才能使该系统处于稳定状态。没有人为干预或控制是不可能自动地达到稳态的（因为它是人造系统），而干预、控制都要以信息反馈为前提。

农业标准化管理部门的信息管理系统是否灵敏、健全，利用信息进行控制的各种技术的、行政的措施是否有效，对能否实现有效干预关系极大。

农业标准系统的反馈信息要通过农业标准贯彻的实践才能得到，如果农业标准管理部门不用相当多的精力注意标准贯彻，不能及时得到标准在过程中同环境之间的适应状况的信息，不能及时对失调状况加以控制，农业标准系统便可能逐渐瘫痪，直至瓦解。

为使农业标准系统与环境相适应，除了及时修订已经落后了的农业标准、制定适合环境要求的高水平农业标准之外，还应尽可能使农业标准具有一定的弹性。

四、农业标准化原理间的关系

农业标准化原理是农业标准化科学的核心内容，是农业标准化研究、农业标准化实践的一切过程的指导思想，是实现农业标准化的总指南。所以，对于农业标准化原理的应用正确与否，直接关系农业标准化能否顺利进行。

方法原理是引导规定农业标准制定及实施过程更为科学有效的指导原理；系统管理原理则是调整标准结构、形成体系与系统运行中的系统整体水平和管理水平的指导；基本原理反映农业标准化学科的普遍、本质和一般规律，是农业标准化的理论基础和思想方法。当然，基本原理需要再研究，使其具有更普遍的代表性，这也是今后研究的重要方面。原理之间的互相联系、互相支持、互相影响是明显的。基本原理是基础，方法原理是导向，管理原理是系统之上的效能。

第二节　农业标准化的基本原则

根据农业标准化原理与方法，在从事农业标准化活动过程中，应当遵从如下基本原则。

一、超前预防原则

农业标准化的对象不仅要在依存主体的实际问题中选取，更应从潜在问题中选取，以避免该对象非标准化而造成损失。农业标准的制定是依据科学技术与经验的成果为基础的，对于复杂问题，如安全、卫生、环境等方面，在制定标准时，必须进行综合考虑，以避免不必要的人身、财产等损失。

二、协商一致原则

农业标准化的成果应当建立在相关各方协商一致的基础之上。

农业标准的定义告诉我们，农业标准在实施过程中有“自愿性”，坚持标准的民主性，经过标准使用各方充分的协商讨论，最终形成一致的农业标准，这个农业标准才能在实际生产和工作中得到顺利贯彻和实施。例如，许多国际标准对农产品质量的要求尽管很严格，但有的国际标准与我国的农业生产实际情况不相符合，这些标准就不会被我们所采纳。

三、统一有度原则

在一定范围、一定时期和一定条件下，对标准化对象的特性和特征做出统一规定，以便充分实现标准化的目的。

统一有度原则是农业标准化的技术核心，是标准中技术指标的量化体现。技术指标反映标准水平。确定技术指标要根据科学技术的发展水平和产品、管理等方面的实际情况确定，应遵从统一有度的原则。如农产品中有毒有害元素的最高限量、农药残留的最高限量、食品营养成分的最低限量的确定等。

四、变动有序原则

农业标准以其所处环境的变化，相应的新科学成果的出现，按规定的程序适时修订，以保证标准的先进性和适用性。农业标准修订的周期长短与多种因素有关，一般而言，国家级标准修订周期为5年，企业标准为3年。

由此可见，每一项农业标准的诞生应当是十分严肃和认真的。在制定标准的过程中，必须收集充分的科学数据，最客观地归纳和总结目标过程的规律，以使所产生的标准是客观的反映和操作程序的映像。这样的标准，即便应用几年，也会因其富有自身强大的生命力而不会出现“散架”的命运。

五、互相兼容原则

农业标准应尽可能使不同的产品、过程或服务实现互换和兼容，以扩大农业标准化的经济效益和社会效益。在制定标准时，标准中的计量单位、制图符号等必须统一在公制的认可之下，对一个活动或同一类产品在核心技术上应制定统一的技术要求，达到资源共享的目的。如集装箱的外形尺寸统一，可应用于不同行业；某种农药残留最大限量的规定值，适用于各种食品。

六、系列优化原则

农业标准化的对象应当优先考虑其所依存的主体系统能够

获得最佳的经济效益。在农业标准的制定中，尤其是系列标准的制定中，必须坚持系列优化原则，避免人力、物力、财力和资源的浪费。如制定通用检测方法标准时，应制定不同等级的产品质量标准、管理标准和工作标准等。农产品中农药残留量测定方法就适用于不同类的食品检测，同时也便于测定结果的相互比较。

七、阶梯发展原则

农业标准化活动是一个阶梯状上升的发展过程，是与科学技术的发展和人们经验的累积同步前进的。随着科学技术的发展与进步，人们认识水平的提高和经验的不断积累，要求相关标准的跟进越来越紧密，标准水平必然会像人们攀登阶梯一样不断发展。标准每进行一次较大幅度的修订，就上升一个台阶。

八、滞阻即废原则

当农业标准制约或阻碍依存主体的发展时，应当及时加以更正、修订甚至废止。任何标准都具有二重性，当科学技术水平提高到一定程度，人们的管理、经验再次得到丰富的时候，已有的标准就可能不符合当前条件的要求，甚至成为阻碍生产力发展和社会进步的因素，这就要及时进行更正，或者废止，产生符合时代要求的新标准。如在我国农业标准中，有些可能是在计划经济背景下制定的，在加入 WTO 以后，面对国际化贸易和更加严酷的“技术壁垒”，大量农业标准就要遵照这一原则进行变更。

第三节　农业标准化的形式

农业标准化的形式是农业标准化内容的表现方式，是农业标准化过程的主要表现形态，也是农业标准化的方法。农业标准化有多种形式，每种形式都表现出不同的农业标准化内容，针对不同的农业标准任务，达到不同的目的。农业标准化的形式主要有简化、统一化、农业综合标准化、农业超前标准化和农业动态标准化。

一、简化

（一）简化的基本概念

简化就是在一定范围内缩减对象（事物）的类型数目，使之在既定时间内足以满足一般需要的标准化形式。简化是对农业过程中不必要的复杂化和混乱的事物进行合理的缩减和统一的方法。

简化是农业标准化最基本的一种形式，是农业生产实践中应用较广泛的一种形式，也是农业标准化的重要方法。它是控制复杂性、防止多样性自由泛滥的一种手段。

简化一般在事后进行，也就是农业标准化对象的品种、规格的多样性已经发展到一定规模后，才对这些产品的品种、规格、类型数目加以精练、缩减，提高生产率，增强批量效果与品牌效应。而简化的结果必须是能保证满足社会一定范围内多样化的总体需要。

（二）简化的应用范围

（1）农业品种的简化。由于农业生产受外部环境影响较大，决定了某一地区的优良品种在地域上具有最大优势。在某一特定区域，进行有大量品种背景下的针对性优良品种的选择以剔除其他多余品种的选择干扰，从而提高效率，保持良种，提高产品质量。

（2）农业技术的简化。将复杂的弹性农业技术转化成简单明了的农业标准，用以指导农业生产。如水稻轻简化栽培技术包括免耕技术、直播技术、抛秧技术、无土栽培技术、地膜覆盖技术；水肥一体化技术、缓控肥技术；封闭式除草技术。

二、统一化

（一）统一化的基本概念

统一化就是把同类事物两种或两种以上的表现形态归并为一种或限制在一定范围内的标准化形式。其实质是使对象的形式、功能（效用）或者其他技术特征具有一致性，并把这种一致性通过标准确定下来。其目的是消除由于不必要的多样化而造成的混乱，为正常的农业生产活动建立共同遵循的秩序。

统一化是农业标准化中内容最广泛、开展最普遍的最基本的形式和方法之一。农业标准化对象同时也是统一化对象。

（二）统一化的分类

（1）绝对的统一（即唯一性），它不允许有什么灵活性。如各种编码、代号、标志、单位、运动方向（最适生境趋向、农业顺应操作程序、开关的旋转方向、交通规则）等。

（2）相对的统一，它的出发点或总趋势是统一的，但统一中还有一定的灵活性，可根据情况区别对待。如农产品的质量标准是对该农产品的质量所做出的统一规定，但质量指标却允许有一定的灵活性（如稻米的碾米品质、外观品质、蒸煮食味品质、营养品质、市场品质等，小麦的粗蛋白质、降落数值、湿面筋、面团稳定时间等，大麦的蛋白质、糖化力、浸出率、库尔巴哈值等，生猪的肉膘比等）。

（三）统一化的一般原则

（1）适时原则。把握好时机，是实现统一化的关键。所谓适时，就是统一的时机要选准，不能过早，也不能过迟。任何农业标准化对象的统一化，都必须取决于客观上是否有这种需要并且已经具备了统一的条件。

（2）适度原则。把握好分寸，是实现统一化的前提。所谓适度，就是要合理确定统一化的范围和指标水平。统一化是有度的。

（3）等效原则。把握好效能，是实现统一化的基础。任何统一化都不可能是任意的，统一是有条件的，首要条件是其等效性，也是对统一化的起码要求。

（4）先进性原则。统一的目标是使建立起来的统一性具有比被淘汰的对象更高的功能。所谓先进性就是指确定的一致性或所做的统一规定应有利于促进农业生产发展和技术进步，有利于社会需求得到更好的满足。统一化的过程实质上是打破旧的平衡、旧的统一，实现理想的高标准、高水平的过程。这是统一化的灵魂。

（四）统一化的要求

对于绝对统一的农业标准化对象，保持先进性的统一化的结果，取决于多方面的研究成果、生活消费习惯、已经形成的制度。

对于相对统一的农业标准化对象，主要是在确定灵活度时，如何使所规定的定量化指标先进合理。

三、农业超前标准化

（一）农业超前标准化的基本概念

根据预测，对今后成为最佳的农业标准化对象规定出高于目前实际水平的指标和要求，并根据现实条件在农业标准中的质量分等分级的形式中归总出具有不同实施日期的指标和特性，称为农业超前标准化。

农业超前标准指在农产品开始生产之前，依据预测科学技术发展情况所制定的具有超前指标的标准。

（二）农业超前标准化的基本特征

（1）规定农产品质量（或技术）远景指标及农业生产达到的阶段性期限。

（2）农业标准化的远景指标一经纳入农业标准，农业科研部门要通过研制和采用新品种、新技术来保证实现。

（3）远景指标分阶段实现，每一个阶段性指标在农业标准规定的期限内处于最佳状态。

（4）以动态最优化方法和预测为依据，随时掌握农业经济、农业科学技术以及国内外市场要求的动态形势。

（三）农业超前标准化的实施过程

（1）准备阶段的工作内容。

（2）制定农业超前标准阶段的工作内容。

（3）贯彻实施农业超前标准阶段的工作内容。

四、农业动态标准化

（一）农业动态标准化的基本概念

农业动态标准化在产品研制阶段就开始标准化工作，在新产品鉴定时就批准发布企业的产品标准，批量生产时建立起以产品标准为中心、技术标准为主体的企业标准体系，同时根据市场上用户需求的变化，及时修改、调整有关标准。

（二）农业动态标准化的实施条件

（1）在农业新品种培育和新技术研制阶段就开始农业标准化。

（2）农业有关部门应共同参与农业标准化工作。

（3）建立农业标准化情报系统。

（4）建立保证贯彻实施农业标准的系统。

（5）把农业标准数量限制在必要的最少数量。

第二章 农业标准的制定与编写

第一节 农业标准制定要求

一、农业标准制定应遵循的原则

农业标准制定既要遵循我国标准化工作的一般原则，也要注意结合农业特点，充分考虑我国农业产业现状和发展趋势。总的来讲，要注意以下几个方面。

（一）宏观原则

（1）要符合国家有关政策、法令，有利于技术进步和经济发展。农业标准是农业生产和市场贸易的技术依据，必须符合国家的农业技术和经济政策，必须有利于运用市场机制，有利于调整和优化农业结构，有利于农产品加工增值，有利于进一步扩大国内外市场资源转变，促进农业生产向专业化、商品化和社会化发展。

（2）要符合我国国情和农情，做到技术先进，经济合理，切实可行。制（修）订农业标准要吸收国外先进技术和管理经验，但必须符合我国的自然环境条件、农业资源情况和农村经济条件及经济技术管理水平。技术先进是指农业标准水平而言。农业标准应反映出当代农业科研成果及农业生产先进技术和实践经验。从国外或外地引进的技术，必须经过鉴定程序和试点示范，符合国内或当地的要求，成熟后才可制定标准，进行大面积推广。经济合理是指农业标准实施后有利于提高农业综合生产能力，有利于提升农业效益和增加农民收入。

（3）要积极采用国际标准和国外先进标准。采用国际标准和国外先进标准是将这些标准经过分析研究，不同程度地转化为我国的标准进行实施。为了增强我国农产品在国际市场上的竞争力，要积极采用国际标准和国外先进标准。在采用时，要根据国际市场需求，密切结合我国国情，遵照积极采用与认真研究和区别对待相结合的方针，做好分析对比和实验验证工作。对国际和国外农业标准中各种不同类型的标准，应根据我国农业生产和市场的实际区别对待，采取等同、修改两种形式。

（二）技术性原则

1. 要充分考虑不同区域的自然条件和农业现状

我国位于欧亚大陆东部，东临太平洋，地域辽阔。南北跨越 50 个纬度，东西横贯 62 个经度。自南向北依次出现赤道带、热带、亚热带、暖温带、中温带和寒温带 6 个温度带。

自东向西形成海拔不同的三级阶梯。自东南沿海到西北内陆形成湿润、半湿润、半干旱和干旱 4 个雨量不同的地区。同时，我国是多山国家，山地占国土总面积的 66%，从山麓到山顶垂直变化显著。因此，我国农业自然条件和资源既丰富多彩又变化万千，具有相对稳定的地域差异和分布规律，加上各地社会经济条件、生产技术水平和劳动者素质不同，就使农业生产形成了强烈的地域性。发展农业生产，必须因地制宜，充分发挥各区优势，扬长避短，实现资源的永续利用和农业的可持续发展。同样，制定农业标准，也要密切结合当地农业特点，注意生态平衡、环境保护，合理利用资源。

2. 要充分考虑农业生产对象的生物性特点

农业生产是以生物对象为活动主体的综合性生产过程，具有生产周期长、影响因素复杂、稳定性和可预见性较差等特点。制修订农业标准，要充分注意这些特点，尤其要重视生物性、区域性、季节性和连续性等特点。

（1）生物性。生物体的最大特点在于其生物性，它是有生命的复杂开放的系统。这就决定了农业生产的不确定性和最终产品的变异性。这就要求在制修订农业标准时既要有一定的灵活性，又允许某些技术指标有一定的变化范围和幅度。

（2）区域性。我国各地区自然条件千差万别，分布有着明显的差异性。复杂的气候形成了不同的农业区和农业类型，表现出农业的区域性。就大的范围来说，全国共划分为 10 个一级区和 31 个二级区，各区都有其适宜种植的作物种类，形成相对稳定的比较优势和特色。如东北盛产大豆、春麦和玉米，西北则以优质的棉花、瓜果和甜菜著称；北部高原以小杂粮闻名，而华南地区则以出产热带水果享誉中外。对同一作物种类来说，在不同的地区往往有不同的表现和特点。如水稻在北方寒冷地区种植，表现为一季单纯粳型，品质优良；在南方种植，则表现为多季籼粳型并存，品质参差不齐。其他作物如棉花、麦类、玉米等也都与此相似，表现出较强的区域特色。

就小的范围来说，不同的地区形成了各具特色的原产地域产品，表现出较强的区域特色，可以说正是农业的这种区域性使农业地方标准在我国农业标准体系中占有了重要地位。

（3）连续性。农业自然资源是可以重复使用和连续使用的，而农业生产是人类赖以生存的基础，其自身也是一个连续的生产过程。就种植业来说，这种连续性既反映在同一季作物的各个生长阶段之间，也反映在不同年份的年度轮作物之间。农业生产是一个用和养结合的辩证过程，只有把用和养结合起来，把当前利益和长远利益结合起来，才能使农业资源常用常新，经久不衰，使农业生产持续稳定发展。因此，在制定农业标准时，要充分重视农业生产的连续性特点，注意产前、产中和产后的各个环节，做到农业资源的永续利用，防止资源退化和衰竭。

3. 必要时可纳入标准样品（实物标准）

文字标准来源于实践，是客观事物的文字表达。但是文字标准比较抽象，对同一标准，人们往往会产生不同的认知结果。特别是对一些农产品的色泽、口味等感官指标，文字标准更是难以确切表达，从而容易使标准的贯彻出现偏差。因此，一些农业标准特别需要制作实物标准，以便顺利地贯彻实施。如烤烟的质量是根据叶片的部位特征、成熟度、身份（油分、厚度、叶片结构）、色泽（颜色、光泽）、叶片长度、杂色与残分等技术条件来衡量和定级的。以颜色为例，就有金黄、橘黄、正黄、淡黄、深黄、红黄、黄带青、青黄、黄多青少、青多黄少 11 种之多。尽管文字表达比较详细，但人们仍很难掌握，而应用比色板标准和烤烟实物标准，就使这项标准得到很好的表达和实施。所以制定农业标准时，在必要情况下需考虑建立和制作实物标准（实物标样）。实物标准的制作和审定一般与文字标准同时进行。实物标准又分为基本实物标准和仿制实物标准，二者具有同等效力。对仿制实物标准有争议时，以基本实物标准为准。

4. 要理顺相关关系

（1）农业标准涉及面广，技术性和政策性都很强。因此，在制定农产品标准时要有科技、生产、经营、物价、进出口贸易等有关方面参加，以便正确处理需要和可行的关系。

（2）要理顺农产品质量与价格的关系，体现优质优价原则。

(3) 要理顺当前生产水平、技术条件与采用新技术发展生产力的关系。

(4) 确定农产品质量等级时，要全面考虑生产、加工、经营方面的利益，特别要保证农民增收的问题。

(5) 制定标准既要满足市场的高档次要求，又要满足广大消费者的一般性要求。

二、农业标准制定程序

为了确保标准的质量，农业标准制修订既要按照标准制修订一般程序，也要充分考虑农业标准化工作的实践经验和农业标准化的特点。我国标准制修订程序以世界贸易组织（WTO）关于标准制定程序的要求为基础，参考了国际标准化组织（ISO）和国际电工委员会（IEC）的ISO/IEC导则所确立。

（一）标准立项

我国农业标准涉及部门较多，农业标准实行统一管理、分工负责的原则，由行业部门、直属技术委员会、省级质检部门提出立项申请。近年来，随着社会各界对标准化工作要求的不断提高，在强化标准制（修）订全过程控制中，标准立项这一环节越来越受到重视，在一定程序上可以说标准立项的水平直接关系到最后标准的质量。

(1) 加强对标准项目的可行性论证，做好项目计划和项目任务书的编制工作。项目论证的内容有标准名称，制（修）订标准的目地、内容、国内外现状，现有工作基础和工作条件，存在的问题和解决的办法，有关方面对项目的意见，项目所需的技术力量和参加单位，经费预算和项目进度安排等方面。论证内容和项目计划要按要求填写在项目任务书中，要写明标准名称、进度、项目主管单位、进口单位、负责起草单位和参加单位采标情况等。

（2）坚持公开、公正、公平的原则，为所有的利益相关方提供有效交流和沟通的平台。通过多年的标准化实践，我们不难发现，标准化技术委员会在标准化工作中的重要作用越发凸显，越来越多的标准项目是在通过直属技术委员会以及行业部门管理的技术委员会把关审核后进行申报，这一环节的工作也正逐渐成为各界关注的焦点。因此，标准化管理部门出台了《全国标准化技术委员会管理规定》，全方位对技术委员会各种活动进行了规范，其中，如在对技术委员会提出国家标准立项建议方面就明确要求必须获得全体委员3/4以上同意，方为通过，从制度上保证标准立项的广泛性、代表性和科学性。同时，国家标准立项过程中重大项目的立项评审以及网上公开征求意见，也逐渐成为了各方面表达诉求、反映意见的重要渠道。

国家标准和行业标准的计划分别经标准化行政主管部门和行业主管部门批准下达，农业地方标准经各地标准化行政管理部门批准下达。根据《农业标准化管理办法》规定，农业标准化计划应纳入相应各级国民经济和科技发展计划中。地方标准计划管理由各地标准化主管部门负责。

（二）标准起草

（1）组织标准编制组，制订工作方案。标准计划下达后，承担制定标准任务的单位，要将标准制定任务纳入本单位的计划，按下达的标准计划要求组织制定。根据制（修）订标准的工作量和难易程度，组织标准编制组。编制组应具有一定的政策水平、相应的专业技术能力的实践经验，并具有一定的代表面，要有科研、生产、经营、使用等方面的人员参加。编制组根据项目任务书制定标准编制大纲，确定编制人员分工。

（2）编写标准草案讨论稿，形成标准草案征求意见稿，最后确定标准草案送审稿。标准编制组根据项目任务书和编写大纲，深入具有代表性的地区生产第一线和科研、使用、流通环节进行调查研究，收集资料，编写并完成标准草案讨论稿。然后进行必要的试验验证和测算。根据验证测算情况，修改标准草案讨论稿，形成标准草案征求意见稿，并撰写标准编写说明。广泛征求意见后，将反馈意见整理分析，确定取舍，最后形成标准草案送审稿（包括标准编写说明、意见汇总处理表和其他有关资料）。

（三）标准征求意见及审查

（1）标准征求意见对于标准起草单位而言可以更多地了解相关方对于标准的意见和建议，不断完善标准内容，提高标准质量，为下一步标准的审查奠定基础，对于其他利益相关方而言也可以通过这个程序充分地表达各自意见，提高标准的权威性。因此，在标准制修订过程中，标准征求意见阶段要充分重视。一是要在程序上严格遵守要求，如国家标准方面征求意见稿要经技术委员会主任委员同意后，向有关行业部门、协会以及相关生产、销售、科研、检测和用户等单位广泛征求意见，征求意见一般为一个月。二是要在方法和手段上推陈出新，充分利用网络等信息化手段，扩大征求意见的范围，提高效率。

（2）标准编制组将标准草案送审稿报送到制修订主管部门或标准化技术委员会审查。审查内容包括标准起草工作是否按标准计划和标准项目任务书要求完成，资料是否符合要求，主要技术问题是否基本解决，有关方面意见是否基本一致等。

审查有函审和会审两种形式。强制性标准以及重要的农产品标准应采取会审形式。审查开始前，要严格按规定的程序和要求进行准备；审查过程中，要充分发扬民主，征求科研、生产、经营和使用等方面的意见；审查结束后，函审的要形成函审结论，会审的要形成会议纪要，并按审查意见对标准草案送审稿进行修改，形成标准草案报批稿（包括标准编写说明、意见汇总处理表和其他有关资料）。重大的、复杂的标准，可先经过初审，再进行正式审查。

（四）标准批准发布

标准草案报批稿经标准化技术委员会或主管部门最后审定后，呈报给标准化管理部门或主管部门，进行批准、编号、发布、实施。国家标准由国务院标准化管理部门审批、编号、发布。行业标准由行业主管部门审批，编号、发布，并报国务院标准化管理部门备案。地方标准报省标准化主管部门审批、编号、发布，并报国务院标准化管理部门备案。企业标准，由农事企业或主管部门审批和编号、发布，并报当地标准管理部门备案。

目前，很多涉及面广、影响大的国家标准在标准化管理部门审批过程中由标准化管理部门进一步公开征求意见，时间一般为60天，特别重大的采取听证等方式严格审查，确保质量。

（五）标准复审及废止

对于实施周期达5年的标准进行复审，以确定是否继续有效，修改（通过技术勘误表或修改单），修订或废止。

第二节　农业标准编写要求

一、标准编写基本原则

制定标准的基本目的是促进贸易和相互交流，即在贸易或技术交流活动中大家共用统一的标准以减少不必要的障碍。因此标准的体例、语言、层次等表述形式需要非常明确和规范。

（一）统一性

在某一技术领域内相关系列标准之间，以及标准中类似内容的表述形式应尽可能一致。如类似标准间的结构，同一概念所用的专业术语，相同或类似条款的措辞等。

例如 GB 1351—2008《小麦》和 GB/T 17892—1999《优质小麦强筋小麦》两项国家标准属于系列标准。这两项标准的结构应基本一致，即如果 GB 1351—2008《小麦》标准中主要有质量要求、卫生要求、检验方法、检验规则、标签标识，以及包装、储存和运输要求等章节，那么 GB/T 17892—1999《优质小麦强筋小麦》标准中也应该基本是这些内容。如果有差异很有可能是要么一项标准中有多余的内容或要么另一项标准中某部分重要内容漏写了。

同样，GB 1351—2008《小麦》标准中用容重、不完善率、水分、杂质等指标作为分等的指标，GB/T 17892—1999《优质小麦强筋小麦》标准中也应基本采用这些指标作为分等指标。

两项标准中所使用的容重等专业术语及其含义也应是一致的。

（二）协调性

在一定范围内的所有标准均应协调，以保证整体功能最佳。在我国有若干规定来保证标准之间的协调，如标准化法中规定：在公布国家标准之后，相应行业标准即行废止；没有国家标准和行业标准而又需要在省、自治区、直辖市范围内统一的工业产品的安全、卫生要求，可以制定地方标准。

为保证标准间的协调，在编写标准时应注意避免与相关标准重复、交叉和矛盾。如果需要重复时，首先考虑是否可以直接引用，即采用规范性引用文件的形式将相关标准直接引用过来。

在编写标准时，首先应了解相关的重要基础标准和相关系列标准等，并与之协调，例如，量、单位及其符号方面的基础标准；所编写标准涉及领域的通用术语标准；标准对象所涉及的通用性要求标准；类似标准或同位标准；同级或上级的相关标准。

（三）适用性

所制定的标准应与当前的技术、生产或服务水平相适应，并具有可操作性。因此要求标准的各项要求均应易于实施。例如，在制定一项某农产品的农药残留限值检测方法方面的标准时，如果该方法难度较高，在全国仅有极个别的实验室能够做该试验。这样的标准不符合现实情况，不能满足现实生产或社会经济活动的需要。

标准之间是鼓励相互引用的，因此，在标准的编写结构方面应注意易于被其他标准或文件所引用。即标准的章节应注意完整性、独立性，以及逻辑层次应清晰。

（四）与国际标准的一致性

为了促进国际贸易和便于交流，制定我国标准时，在符合我国有关法律、法规的前提下，应尽可能与相应国际标准一致。基础通用性的标准应尽可能与国际标准等同。

如果由于基本气候、地理因素或者基本的技术问题等原因，对国际标准进行修改时，应当将与国际标准的差异控制在合理的、必要的并且是最小的范围之内。

注：采用国际标准方面的有关编写规定见 GB/T 20000.2。

（五）规范性

标准文本的编写形式、标准内容的制定原则、标准制定的工作流程等均应注意其规范性。在编写标准时应首先了解与起草标准有关的重要基础标准。

GB/T 1　标准化工作导则；

GB/T 20000　标准化工作指南；

GB/T 20001　标准编写规则；

GB/T 20002　标准中特定内容的起草。

同时还有相关重要文件对标准的编制工作加以规范，如《国家标准管理办法》《行业标准管理办法》等。

二、标准中相关要素的编写要求

（一）封面

每项标准都应有封面，封面有其固定格式。封面上的内容根据具体情况略有变化，如当采用国际标准时或修订标准时应增加相应信息。如果是行业标准、地方标准还要增加备案号。因为指导性技术文件不需要实施，所以指导性技术文件的封面上没有实施日期。

封面上涉及的主要内容有：标准的类别、标志、编号、代替标准编号、国际标准分类号（ICS 号）、中国标准文献分类号、备案号，标准的中文名称和对应的英文名称，与国际标准一致性程度的标识，标准的发布及实施日期，标准的发布部门。具体格式见示例。

【示例】

ICS 65. 060. 35

B 91

中华人民共和国国家标准

GB/T ×××××. 3 -201×/ ISO 15886 -3：2004

代替 GB/T 19795. 2 -2005

农业灌溉设备　喷头　第3部分：水量分布特性和试验方法

Agricultural irrigation equipment-Sprinklers-Part 3：

Characterization of distribution and test methods

（ISO 15886 -3：2004，IDT）

201×-××-××发布　　　　201×-××-××实施

中华人民共和国国家质量监督检验检疫总局
中国国家标准化管理委员会　发布

1. 标准分类号

为便于标准文献的检索，国际标准化组织编制了《国际标准分类法》（International Classification for Standards），简称"ICS"，我国编制了《中国标准文献分类法》。在标准封面的左上角应根据标准涉及的专业领域依据这两个分类法分别标注分类号。

2. 标准编号

标准编号由标准代号、顺序号和年号三部分组成。标准编号的结构应完整。具体编号待标准发布后，再补充填入。等同采用 ISO 和 IEC 发布的国际标准时应采用双编号形式，如示例中“GB/T ×××××. 3-201 ×/ISO 15886-3：2004”表示该标准等同采用国际标准 ISO 15886-3：2004。注意等同或修改采用 ISO 和 IEC 之外的其他国际标准及国外先进标准时不能采用双编号的形式。

注：双编号的形式仅用于封面、页眉、封底和版权页上。

3. 代替标准编号

如果所起草的标准代替了某个或某几个标准，则应在标准编号之下另起一行，标识出所代替标准的标准编号。注意如果起草国家标准是基于某行业标准时，不属于代替关系，不能在封面上标识。

4. 与国际标准一致性程度的标识

当所起草的标准与国际标准有对应关系时，应在封面上的标准英文译名下标明与国际标准的一致性程度。一致性程度的标识有对应的国际标准编号、国际标准英文名称（当标准的英文译名与国际标准的英文名称一致时应省略）、一致性程度代号等。

注：与国际标准一致性程度分为：等同、修改和非等效，对应代号分别为 IDT、MOD 和 NEQ。

（二）目次

标准中的目次与通常意义上的目录类似。目次本身是否需要设置，以及目次内容的粗细程度都是根据具体情况而决定的。篇幅较短时可以不设目次。当标准的篇幅较长时，为了清晰显示标准的结构，以及易于检索标准的正文内容需要设置目次。

目次所列的各项内容如下。

前言；

引言；

章；

带有标题的条（需要时列出）；

附录；

附录中的章（需要时列出）；

附录中的带有标题的条（需要时列出）；

参考文献；

索引；

图（需要时列出）；

表（需要时列出）。

（三）前言

每项标准均应设置前言。在前言中应根据具体情况按照下列顺序依次列出。

（1）标准结构的说明。当标准为系列标准或分部分的标准时，在前言中需要介绍所编写的标准与相关系列标准之间的关系，或标准各部分的划分情况。以便于标准阅读者了解标准的整体情况和相互之间的关系。

（2）标准编写所依据的起草规则。由于 GB/T 1.1 是标准编写的基本要求，所以至少应提及 GB/T 1.1。例如，“本标准按照 GB/T 1.1—2009 给出的规则起草”。

（3）标准代替的全部或部分其他文件的说明。修订标准有几种情况：完全代替前一版；仅代替前一版标准中的部分内容，未代替部分要么仍有效，要么被其他标准代替；新定的一项标准同时代替几项标准。修订是同级标准版本之间的代替。如果是由行标上升为国标的，不能叫修订。关于代替情况的说明主要强调重要技术内容变化的说明，表述需尽可能清晰，以便于标准阅读者迅速、准确了解技术内容的调整情况。

（4）与国际文件、国外文件关系的说明。主要是国家标准与国际标准一致性程度的情况说明。应明确提及与哪项国际标准的一致性程度是等同、修改、还是非等效，以及相应的具体情况。当采用国外先进标准时，首先需慎重考虑是否需要明确提及，是否可能涉及版权、专利等问题。如果需要介绍，可参考采用国际标准的有关规定。

（5）有关专利的说明。在标准的制定过程中没有发现标准的内容涉及专利，但又不能确定不涉及专利时，应声明："请注意本文件的某些内容可能涉及专利。本文件的发布机构不承担识别这些专利的责任"。如果确定不涉及专利，如分类编码等标准中不太可能涉及专利问题时，也就不必提及。

（6）标准的提出单位。所谓提出单位主要是标准项目的行业主管部门或直属标准化技术委员会或有关机构。提出单位会在项目计划中明确给出。此信息也可省略。

（7）标准的归口单位。所谓归口单位主要是指负责标准的制定、维护、解释等具体技术事项管理的机构。通常为标准化技术委员会，或行业主管部门指定的技术机构。归口单位会在项目计划中明确给出。每项标准中必须指明归口单位。

（8）标准的起草单位和主要起草人。

（9）标准所代替标准的历次版本发布情况。当标准为修订前一版本时，应列出该标准从第一版到上一版的各版发布情况。

有关规定中明确要求的内容也应写入前言。例如国家质量技术监督局发布的"关于强制性标准实施条文强制的若干规定”中规定强制性标准中在前言的第一段，用黑体字写明：①本标准的全部技术内容为强制性；②或本标准的第×章，第×条为强制性的，其余为推荐性的；③或本标准的第×章，第×条为推荐性的，其余为强制性的。

其他内容不得写入前言中，如制定标准的目的、意义等，即使是简短的一句也不得写入。

【示例】《小麦粉》强制性国家标准

前言

本标准4.2中的表1、表2和表3的部分指标，4.3，4.4，6.3，6.4，及第7章，8.1.3，8.1.4，为强制性的，其余为推荐性的。

本标准是对GB 1355—1986《小麦粉》、GB/T 8607—1988《高筋小麦粉》、GB/T 8608—1988《低筋小麦粉》的修订与合并。

本标准与GB 1355—1986的主要技术差异如下：

——根据小麦粉的加工品质特性对其进行了分类；

——增加了术语和定义；

——增加了表示面筋质量的指标——面筋指数、稳定时间；

——增加了反映α-淀粉酶活性的指标——降落数值；

——增加了检验规则、判定规则；

——增加了对标识、标签的要求。

本标准参照国际食品法典委员会（CAC）的标准Codex Stan 152-1985《小麦粉》（修订版1-1995）和Codex Stan 192-1995《食品添加剂通用标准》（修订版5-2004），修改了小麦粉脂肪酸值指标，制定了添加剂限制条目。

本标准由国家粮食局提出并归口。

本标准起草单位：国家粮食局标准质量中心、北京市粮油食品检验所、中粮面业（秦皇岛）鹏泰有限公司、江苏海福食品有限公司。

本标准主要起草人：杜政、唐瑞明、龙伶俐、朱之光、谢华民、周光俊、尚艳娥、王彩琴、阮玲、蔚然、朱国森、石逢山。

本标准所代替标准的历次版本发布情况为：

GB 1355—1978、GB 1355—1986、GB/T 8607—1988、GB/T 8608—1988。

【示例】《农业灌溉设备　喷头　第3部分：水量分布特性和试验方法》标准前言示例如下，该标准前言中存在的主要问题是没有明确列出本标准与上一版的主要技术变化情况。

前言

GB/T ×××××《农业灌溉设备　喷头》分为如下部分：

——第1部分：术语和分类

——第2部分：设计和运行技术要求

——第3部分：水量分布特性和试验方法

——第4部分：耐久性试验方法

本部分为GB/T ×××××的第3部分。

本部分按照GB/T 1.1—2009给出的规则起草。

本部分代替GB/T 19795.2—2005《农业灌溉设备　旋转式喷头　第2部分：水量分布均匀性和试验方法》，与GB/T 19795.2—2005相比技术差异很大。GB/T 19795.2—2005修改采用ISO 7749-2：1990。本部分等同采用ISO 15886-3：2004，本部分使用翻译法等同采用ISO 15886-3：2004《农业灌溉设备　喷头　第3部分：水量分布特性和试验方法》。

与本标准中规范性引用的国际文件有一致性对应关系的我国文件如下：

——GB/T×××××. 1农业灌溉设备　喷头　第1部分：

术语和分类（GB/T ××××. 1—20 ××，ISO 15886-1：2004，IDT）。

本部分由中国机械工业联合会提出。

本部分由全国农业机械标准化技术委员会（SAC/TC201）归口。

本部分起草单位：江苏大学流体机械工程技术研究中心、中国农业机械化科学研究院、浙江大农实业有限公司。

本部分主要起草人：王洋、赵丽伟、王洪仁、兰才有、蔡彬、袁海宇、李彦军。

本部分所代替标准的历次版本发布情况为：

——GB/T 19795. 2—2005。

（四）引言

引言不是必须要写的，但是，通过引言介绍标准的有关背景、特殊信息或说明，以及编制该标准的目的、意义和原因等，可以有助于标准阅读者准确理解标准内容。

【示例】 GB/T 19630. 1—2011《有机产品　第1部分：生产》

引言

有机农业在发挥其生产功能即提供有机产品的同时，关注人与生态系统的相互作用以及环境、自然资源的可持续管理。有机农业基于健康的原则、生态学的原则、公平的原则和关爱的原则。具体而言，有机农业的基本原则包括：

——在生产、加工、流通和消费领域，维持和促进生态系统和生物的健康，包括土壤、植物、动物、微生物、人类和地球的健康。有机农业尤其致力于生产高品质、富营养的食物，以服务于预防性的健康和福利保护。因此，有机农业尽量避免使用化学合成的肥料、植物保护产品、兽药和食品添加剂。

——基于活的生态系统和物质能量循环，与自然和谐共处，效仿自然并维护自然。有机农业采取适应当地条件、生态、文化和规模的生产方式。通过回收、循环使用和有效的资源和能源管理，降低外部投入品的使用，以维持和改善环境质量，保护自然资源。

——通过设计耕作系统、建立生物栖息地，保护基因多样性和农业多样性，以维持生态平衡。在生产、加工、流通和消费环节保护和改善我们共同的环境，包括景观、气候、生物栖息地、生物多样性、空气、土壤和水。

——在所有层次上，对所有团体——农民、工人、加工者、销售商、贸易商和消费者，以公平的方式处理相互关系。有机农业致力于生产和供应充足的、高品质的食品和其他产品，为每个人提供良好的生活质量，并为保障食品安全、消除贫困作出贡献。

——以符合社会公正和生态公正的方式管理自然和环境资源，并托付给子孙后代。有机农业倡导建立开放、机会均等的生产、流通和贸易体系，并考虑环境和社会成本。

——为动物提供符合其生理需求、天然习性和福利的生活条件。

——在提高效率、增加生产率的同时，避免对人体健康和动物福利的风险。因为对生态系统和农业理解的局限性，对新技术和已经存在的技术方法应采取谨慎的态度进行评估。有机农业在选择技术时，强调预防和责任，确保有机农业是健康、安全的以及在生态学上是合理的。有机农业拒绝不可预测的技术例如基因工程和电离辐射，避免带来健康和生态风险。

如果标准中确认使用了专利，则引言中应列出专利的相关信息、哪些内容涉及了专利以及专利持有人的声明情况。具体编写内容参见《白斑综合征（WSD）诊断规程第1部分：核酸探针斑点杂交检测法》国家标准中涉及专利的引言示例。

【示例】

引言

本文件的发布机构提请注意，声明符合本文件时，涉及国家发明专利“对虾流行病病原检测试剂盒及其检测方法”（ZL 00 1 11336.4）的使用。

本文件的发布机构对于该专利的真实性、有效性和范围无任何立场。

该专利持有人已向本文件的发布机构保证，他愿意同任何申请人在合理且无歧视的条款和条件下，就专利授权许可进行谈判。该专利持有人的声明已在本文件的发布机构备案。相关信息可以通过以下联系方式获得：

专利持有人姓名：史成银、杨冰、黄使、宋晓玲、杨丛海。

地址：中国水产科学研究院黄海水产研究所。

山东省青岛市南京路106号。

请注意除上述专利外，本文件的某些内容仍可能涉及专利。本文件的发布机构不承担识别这些专利的责任。

（五）标准名称

标准名称应清楚、简练、规范，与标准的主题相适应，并保证标准名称在一定范围内的唯一性。满足该基本要求的前提下，标准名称不必过于强调细节内容。细节内容通常需要在范围中给出。

标准名称为三段式，但具体名称可以采用一段、两段或三段。如《柠檬》为一段的标准名称。

标准中文名称与对应英文名称在分段形式方面也应尽可能一致。标准中文名称的各段之间采用空格分开，对应英文名称各段之间采用“—”分开。示例：

中文名称《土壤质量 氟化物的测定 离子选择电极法》

对应的英文名称为《Soil quality - Analysis of fluoride - Ion selective electrometry》三段式对应的要素顺序由一般到特殊，具体为：

a. 引导要素（可选）：表示标准所属的领域；

b. 主体要素（必备）：表示上述领域内标准所涉及的主要对象；

c. 补充要素（可选）：表示上述主要对象的特定方面，或给出区分该标准（或该部分）与其他标准（或其他部分）的细节。

如果是分部分的标准，通常名称中应表示出第几部分，如《农业灌溉设备喷头第2部分：设计和运行技术要求》。

如果是系列标准或分部分的标准，应注意标准名称之间的系列化问题。如果可能，标准名称的引导要素和主体要素尽可能一致。

【示例】

农业灌溉设备　灌溉阀　第1部分：通用要求；

农业灌溉设备　灌溉阀　第2部分：隔离阀；

农业灌溉设备　灌溉阀　第3部分：止回阀；

农业灌溉设备　灌溉阀　第4部分：进排气阀。

（六）范围

标准的第一章为范围。范围一章主要给出两方面的内容。

界定标准化对象和所涉及的各个方面。类似于标准的内容提要。

标准或其特定部分的适用界限，必要时，可指出标准不适用的界限。

范围的作用决定了范围的内容通常应比标准名称具体，而不太可能比标准名称更简单。如《大米、小麦中稀土的测定二溴羧基偶氮胂分光光度法》标准的范围中“本标准规定了大米、小麦中稀土总量的分光光度测定方法”。该示例中的范围明显比名称简单。可以将名称调整为《大米、小麦中稀土的测定分光光度法》。范围改为“本标准规定了大米、小麦中稀土总量的二溴羧基偶氮胂分光光度测定方法”。

注：该标准修订原国家标准 GB 7630—1987《大米、小麦中氧化稀土总量的测定三溴偶氮胂分光光度法》，由于将显色体系三溴偶氮胂修改为二溴羧基偶氮胂，所以就变动了标准名称。由此说明原标准名称过细。通常标准名称应该是相对稳定的，不会因为标准内容的某个非原则变化而变动。

【示例】

《小麦粉》标准范围示例

1. 范围

本标准规定了小麦粉的适用范围、术语和定义、质量要求、检验方法、检验规则、标识、标签、包装、运输及贮存。

本标准适用于以各类小麦为原料加工供人食用的小麦粉，不适用于剥皮制粉工艺生产的小麦粉。

《悬挂式远射程喷灌机》标准范围示例

1. 范围

本标准规定了悬挂式远射程喷灌机的型式、型号、技术要求、试验方法、检验规则、标志、包装、运输和贮存。

本标准适用于配套功率≥15kW、射程>50m、喷幅宽度≤120m 的悬挂式远射程喷灌机（以下简称喷灌机）。

范围的陈述方式不是唯一的，如“本标准确立了……的系统”“本标准给出了……的指南”等方式。

当标准是分部分形式时，注意改为“GB/T×××××的本部分……”“本部分……”。

【示例】《农业灌溉设备　喷头　第 3 部分：水量分布特性和试验方法》标准中的范围：

GB/T×××××本部分规定了农业灌溉用喷头水量分布特性

的试验条件和试验方法。

本部分适用于灌溉喷头的水量分布均匀性、喷头射程和喷射高度等特定性能的测试。

本部分不适用于移动式灌溉系统或射程小于1.0m的喷头。

（七）规范性引用文件

起草标准时当用到其他标准，可以采用引用的方式，从而减少不必要的重复，更好地提高标准之间的协调性。规范性引用相当于把所引用的内容纳入所起草标准的规范性内容中。

当所引用的文件是标准时，除国家标准可以引用行业标准之外，其他级别的标准只能引用同级和上级标准，如行业标准只能引用国家标准和行业标准，不能引用地方标准；地方标准只能引用国家标准、行业标准以及本地区的地方标准。

注意：资料性要素中所提及的标准不属于规范性引用，如注解中所提及的标准。

1. 引用文件的引用方式

（1）注日期引用。即只使用所注日期的版本，其后被修订的新版本的内容不适用。对于注日期的引用文件应给出完整的名称。引用其他文件的特定章、条、图和表时，因其章条编号与版本有关，所以引用时均应注日期。

（2）不注日期引用。从标准自身的角度考虑，所引用的文件将来的所有改变都能接受。即所引用的文件无论如何更新，其最新版本都适用于本标准。对于不注日期的引用文件在一览表中不应给出文件的年号，在实施时使用其最新的版本。

2. 规范性引用文件的排列顺序

一览表中应先排国内标准、后排国内文件，再排国际标准、国际文件，即国家标准、行业标准、地方标准（适用于地方标准的编写）、国内有关文件、ISO标准、IEC标准、ISO

或 IEC 有关文件、其他国际标准以及其他国际有关文件。

行业标准、其他国际标准先按标准代号的拉丁字母顺序排列，再按标准顺序号由小到大排列。

3. 引导语

规范性引用文件一章应使用下述引导语引出，且不能有任何修改。

“下列文件对于本文件的应用是必不可少的。凡是注日期的引用文件，仅所注日期的版本适用于本文件。凡是不注日期的引用文件，其最新版本（包括所有的修改单）适用于本文件”。

4. 标准条文中引用的具体方式

（1）在标准条文中提及标准本。

在标准中提及标准本身时采用如下方式表述：

——“本标准…”；

——“本部分…”；

——“本标准指导性技术文件……”。

（2）引用自身标准中某条文。

在标准中提及标准本身中的某具体条文时可参考如下方式表述：

——“按第 3 章的要求”；

——“应符合 5.1 条的规定”；

——“参见附录 B”；

——“如图 3 所示”。

5. 标准中引用其他文件的具体方式

在标准中提及其他标准时可参考如下方式表述：

——“……按 GB/T 3269 进行试验……”；

——“……应符合 GB/T 732—1997 中第 3 章的规

定……”。

6. 不宜引用的文件

——法律、法规和其他政策性文件；

——含有专利等具有一定限制性的文件；

——很难获得的文件。

7. 不应引用的文件

——不能公开获得的文件；

——资料性引用文件；

——标准编制过程中参考过的文件。

（八）术语和定义

术语定义的一个重要作用是解决对某概念的统一理解问题，以避免误解。如《无籽西瓜分等分级》标准中，果皮厚度概念的界定是：果实阳面中部从外果皮到内果皮（果皮与果肉分界线）之间的距离。如果没有该定义，对果皮厚度的理解可能有多种。

在产品标准、方法标准等非专门的术语标准中“术语和定义”一章中并不是列出所有可能用到的专业词汇。选择术语定义的前提条件是需同时满足下列要求。

标准中直接出现的专业词汇。

标准对象的专业领域范围内的术语。

比较生僻的，或容易引起误解的术语。

给出术语定义将有助于理解正文的内容时。

通常不给非本专业的术语下定义。如果遇到非本专业的术语，如计算机标准中可能用到“包装箱”术语，这种情况不应给“包装箱”下定义，但如果需要，可以用注的形式给出解释。

如果其他标准中对某术语已经给出定义，则可以采用引用的方式，或直接抄过来，此时需注明出自的标准。

如果不得不改写已经标准化的定义，则应加注说明。

给术语下定义的方式有多种，如内涵定义法、外延定义法等。无论哪种方式，都应达到非常清晰地界定术语本身的概念以及区别于类似相关术语的效果。因此要求定义的表述应非常严谨，即一个定义只对应一条术语（包括同义词），或反之，如术语“喷嘴”的定义：喷头上的喷水孔或喷射管。

术语条目应至少包括：条目编号、术语、英文对应词、定义。根据需要可增加：符号、概念的其他表述方式（例如，公式、图等）、示例、注等。

（九）要求

1. 技术内容选取的基本原则

编制任何一项标准，不可能也不必要把所有相关技术事项像设计文件一样都写入标准。在编制标准时应根据标准制修订的基本原则从中选取若干项技术内容。选取的基本原则主要有：编制标准的目的性原则、性能原则、可证实性原则。

（1）目的性原则。制定标准的目的不仅仅是为指导生产而制定的，还会有贸易等方面的问题。制定农业产品标准的几个常见目的如下。

①健康、安全、环保等目的：健康、安全、环保等方面的内容在我国标准体系中一般划入强制性标准范围。这些内容在WTO规则中是属于技术法规性质的内容，并允许各国根据自己的地理、气候、生产能力等情况制定各自的技术法规或标准。当然制定这些标准时仍然要注意与国际上通行的标准尽量一致或者水平相当，并要注意其他国家的具体标准动态情况。因为这些标准会影响相关产品的进出口贸易。假设某产品的要求过低，国外的产品容易进口到我国，对我国市场会产生冲

击，同时可能带来安全隐患、环境污染等问题。

②满足贸易需求：为贸易服务，满足贸易的需求是当前标准化工作的一项主要任务。在计划经济时代所制定的标准主要考虑是指导企业生产。现在是市场经济环境，生产企业最需要了解的是市场的需求，市场也最需要用标准进行各种规范，从而保障公平竞争，防止欺诈，方便交易。因此在制定标准时就应考虑如何从技术角度支撑合同，如何保护消费者的安全使用等问题，如何防止国内外的伪劣产品进入市场等。

③相互理解的目的：准确界定专业词汇代表的含义；技术指标的测试方法等标准能够为人们在技术、经济等活动中的交往提供技术基础平台。有了共同的术语定义能够有效地避免对技术内容的理解错位；测试同一项目时不同原理的实验方法之间存在着一定的系统误差，同一原理的测试方法中如果操作细节方面不同其结果也会存在方法本身的误差。只有在测试方法相同条件下，标准所规范的指标项目数据间才具有可比性。

（2）性能原则。性能特性是指产品的使用功能，是那些在使用时才显现出来的特征。如某些农产品食用后所产生的功效等。

描述特性是指产品的具体特征，是那些在实物上显示出来的特征。如外观、规格尺寸、成分含量等。

只要有可能，要求应首选性能特性来表达，其次才是描述特性。当要求用性能特性表达时，会给产品的生产及技术发展留有最大空间。因此性能特性优先的原则有时也被称为最大自由度原则。

在选择采用性能特性还是描述特性时经常需要权衡利弊。对于农产品通常用性能特性规范时，不如用描述特性直观简洁。一般情况下对于农产品的性能特性的检测费时费力，不如描述特性的检测方便。在标准的实施中，因为描述特性比较直观，因此有时会更有利于使用。

（3）可证实性原则。可证实性原则也可称为可检验性原则。任何标准的规范内容应该是非常明确的，同时应该是比较容易被证实的。

标准的要求应尽可能定量，少用或不用定性要求。定性要求通常是原则性的，如果写在标准中就有可能在实施中产生争议。例如，如果某标准中对某产品的包装规定：包装应足够牢固。这种规定应该讲没有实际意义。因为这项规定的结果可能是：无论何种原因，只要由于包装而出现问题都可归咎于生产方。正确的要求应该是根据产品的储存、运输等实际情况及包装成本等因素进行合理规范，有些更具体的规定还需留给合同。对于包装的足够牢度可以分解成几项要求，例如，其中可用某种跌落试验验证其抗跌落方面的强度，用压力试验验证抗压强度等。

在规定技术要求时，应充分考虑到所规定内容是否能够得到验证。如果所规定内容不能得到验证或经费过高、时间过长等原因很难得到验证，这类要求将给标准的监督执行和使用带来困难。

如果在产品标准中，产品的某些质量指标很难测定，此时就应采取规定能够反映产品使用性能间接指标的方式。如产品中某种成分的含量无法测出时，应采用其他规定保证其含量或该成分所产生的特性。

（4）体现可证实性原则的具体形式。标准涉及的内容非常广泛，对事物规范的形式也是千差万别。但是，无论怎样，标准中的要求应能够通过某种形式证实。通常体现可证实性原则的具体形式有以下几种。

——采用具体数值形式

用数值的形式给出某项要求应达到的具体指标是标准中最

常见的形式，同时，这些指标能够通过一项或几项试验进行测试。

——通过实验得出某种结论

定量的要求不一定都是用具体数值体现。例如，某项要求可以是通过某项试验得出某种物质呈现阴性或阳性，就能够因此证实是否达到要求；再例如，标准中包装要求部分可以规定某产品的包装通过某项跌落试验后包装应仍然完好。这种规定也是属于定量的要求，符合可证实性原则。

——比较直观的具体要求

标准中有些要求非常直观，不用试验或不需试验就能够被证实。如从事食品加工的人员应持有健康证明。

2. 农产品质量特性的通常技术指标

（1）感官指标。光泽度、颜色、整齐度、味觉、嗅觉等。

（2）营养指标。蛋白质、脂肪、淀粉、纤维素等含量。

（3）理化指标。代表产品特性的理化指标。

（4）卫生指标。致病菌（沙门氏科）、重金属限量等。

（5）产品分级。以分级的形式分别给出技术指标要求。

（十）抽样及检验规则

检验规则属于合格评定的范畴，可以在贸易双方的合同中规定，并按照这个规则决定是否交收。当然企业标准中可以规定如何评定产品是否合格。

抽样检验是指从一批产品中随机抽取少量产品进行检验，并判断该批产品是否合格。

由于抽样检验是依据所确定的接收准则来推断一批产品是否可以接收，所以有可能做出错误的判断，即将本来质量合格的批次，判为不接收，出现生产方风险，或将本来质量不合格的批次，判为接收，出现使用方风险。在制定抽样方案时应尽可能减小误判的风险，使合格的批次尽可能以高概率被接收，而不合格的批次尽可能以高概率被拒收。同时在制定抽样方案时还要注意经济性，考虑检验所需的费用、误判所造成的损失等。

抽样方案有多种形式。有一次抽样方案和多次抽样方案。最简单的计数抽样检验方案是一次抽检方案，即从批量为 N 的一批产品中随机抽取 n 件进行检验，并且预先规定一个合格判定数 C。如果发现 n 中有 d 件不合格品，当 $d \leqslant C$ 时，则判定该批产品合格，予以接收；当 $d>C$ 时，则判定该批产品不合格，予以拒收。例如，当 $N=100$，$n=10$，$C=1$ 时，其含义是指从批量为 100 件的付验产品中，随机抽取 10 件，检验后，如果在这 10 件产品中不合格品数为 0 或 1，则判定该批产品合格，予以接收；如果发现这 10 件产品中有 2 件以上不合格品，则判定该批产品不合格，予以拒收。

交验批是提交检验的一批产品。为保证抽样检验的可靠性，交验批的产品应由同种类、同规格、同等级等基本要素大致相同的单位产品组成。

检验方式通常分为交接（或叫出厂）检验和型式检验。一般说来，型式检验是对产品各项质量指标的全面检验，以评定产品质量是否全面符合标准。交接检验是对产品在交货时必须进行的最终检验。产品经交接检验合格，才能作为合格品交货。交接检验项目是型式检验项目的一部分。

（十一）试验方法的编写

通常试验方法是对产品标准中所列的各项指标要求进行检测所作的统一规定。已有现行标准且适用时，一般应引用已颁布的试验方法。如果没有现行的试验方法，则应对各项质量指标的检测方法，做出科学的规定。

1. 试验方法标准中一般情况下涉及内容

（1）原理。

（2）试剂或材料。

（3）装置。

（4）试样和试料的制备和保存。

（5）程序。

（6）结果的表述，包括计算方法、测试方法的精密度。

（7）试验报告。

2. 编写“试验方法”时应注意事项

（1）标准中的每项要求，均应有相应的试验方法，二者的编排顺序也应尽可能对应。

（2）原则上，对一项要求规定一种试验方法，且该方法应具有再现性。当有多种方法时，应指明仲裁法，或声明几种方法具有同等效力。

（3）在规定试验用仪器、设备时，需规定仪器、设备应有的精度和有关的性能要求。

（4）对于可能有某种危险或为害的试验方法应加以明确说明，并给出预防措施。

（十二）标志、标签和包装

标志、标签和包装所规定的内容，其目的是要在产品制成后到交付用户的过程中，使产品便于识别，并保证产品在运输、贮存过程中不受损失，保持所具备的质量，完好无损地交付用户使用。

1. 标志或标签的内容

对于农产品标准而言，有标志或标签两种。

（1）产品标志通常包括以下内容，同时可根据产品的具体情况，对以下内容作适当增删：产品名称及商标；产品型号或标记；执行的产品标准编号；生产日期（或编号）或生产批号；失效（或截止）日期或保质期；产品的主要参数或成分及含量；质量等级标志；使用说明及使用警示标志或中文警示说明；商品条码；产品产地、生产企业名称、详细地址、邮编、电话；其他需要标志的事项，如质量认证合格标志。

（2）包装标志通常包括以下内容，同时可根据产品的具体情况，对以下内容作适当增删：收发货标志；包装储运图形标志；危险货物包装标志（适用时）；其他标志，如质量认证合格标志。

2. 包装章节包括的内容

包装章节中通常包括以下内容，同时可根据具体情况，对以下内容作适当增删：包装技术与要求，指明产品采用何种包装（箱装、盒装、桶装等）以及防晒、防潮等措施；包装材料与要求，指明采用何种包装材料及其性能等；对内装物的要求，指明内装物的摆放位置和方法，预处理方法及危险物品的防护条件等；包装试验方法，指明与包装或包装材料有关的试验方法；包装检验规则，指明对包装进行各项试验的规则（仅适用于包装要素作为产品标准的一个独立部分制定时）。

（十三）规范性附录

规范性附录给出标准正文的附加条款，在使用标准时，这些条款应被同时使用。因此，规范性附录是构成标准整体的不可分割的组成部分，它是标准的规范性要素。

在规范性附录中可对标准中某些条款进一步补充或细化。这样做可使标准的结构更加合理，层次更加清楚，主题更加突出。

附录的规范性的性质（相对资料性附录而言）应通过在附录编号下标明“（规范性附录）”的方式加以明确。

（十四）资料性附录

资料性附录为可选要素，要根据标准的具体条款来确定是否设置这类附录。在这类附录中，给出对理解或使用标准起辅助作用的附加信息。这些附加信息不应包含要声明符合标准而应遵守的“条款”。因此，资料性附录中，仅限于提供一些参考的资料，附录中通常只提供如下方面的一般信息或情况：标准中重要规定的依据和对专门技术问题的介绍；标准中某些条文的参考性资料；正确使用标准的说明等。

资料性附录的性质也应像规范性附录那样在标准中明确表示。

（十五）参考文献

参考文献为可选要素。如果有参考文献，应置于最后一个附录之后。参考文献信息的编排应按照 GB/T 7714 的有关规定。

如果参考文献有网络版本，可给出查询文件完整的网址。

【示例】参考文献

[1] GB 6142—2008《禾本科主要栽培牧草种子质量分级》；

[2] GB/T 8321. 8—2007 农药合理使用准则（八）；

[3] ISO 9952，Agricultural irrigation equipment - Check valves。

（十六）其他要素的编写

1. 注

条文的注一般是对标准中某一章、某一条或某一段做注释。注释最好置于涉及的章、条或段的下面。章或条中只有一个注时，应在注的第一行文字前标明“注：”。同一章或条中有几个注时，应标“注 1：”“注 2：”“注 3：”等。

2. 条文的脚注

条文的脚注用来提供附加信息。脚注一般是对条文中某个词、符号的注释，脚注不应包含要求（图、表遵循另外规则）。

脚注应置于相关页面的下边，并由一条位于页面左侧1/4版面宽度的细实线将其与条文分开。

通常，应使用后带半圆括号的阿拉伯数字，从1开始对脚注编号。全文中脚注应连续编号。即“1)，2)，3)”等。在需注释的词或句子之后应以相同的上标数字标明脚注。在某些情况下，为了避免和上标数字混淆，可用一个或多个星号。

3. 示例

标准条文中的示例应只给对理解或使用标准起辅助作用的附加信息，不应包含要声明符合标准而应遵守的条款。即示例不应包含陈述、指示、推荐和要求条款。

示例最好位于涉及的章、条或段的下面。章或条中只有一个示例时，应在示例的第一行文字前标明“示例”。同一章或条中有几个示例时，应标明“示例1:”“示例2:”“示例3:”等。

4. 图

图是表达标准技术内容的重要手段之一。在适当的情况下，用图表达标准的技术内容可达到简明、直观的效果。在标准中，通常用图来反映标准化对象的结构型式、形状和组织结构等。

（1）用法。如果用图提供信息更有利于标准的理解，则宜使用图。每幅图在条文中均应明确提及。仅允许对图进行一个层次的细分，例如，图1可分成a)，b)，c)等。

（2）编号。应使用阿拉伯数字从1开始对图连续编号，在附录之前图的编号应一直连续，并且与章、条和表的编号无关。只有一幅图时，也应标为“图 1”。附录中图的编号应在阿拉伯数字编号之前加上标识该附录的字母，字母后跟下脚点，例如，“图 A. 1”。

(3) 图题的编排。图题即图的名称。每幅图宜有图题，并置于图的编号之后，标准中有无图题应统一。图的编号和图题应置于图下方的居中位置。

(4) 图注。图注应位于图题之上及图的脚注之前。图中只有一个注时，应在注的第一行文字前标明“注：”。同一幅图中有多个注时，应标明“注 1：”“注 2：”“注 3：”等。每幅图中的图注应单独编写。图注不应包含要求。有关图的内容的任何要求应作为条文，在图的脚注或图题之间的段面给出。图注无须提及。

(5) 图的脚注。图的脚注位于图题之上，并紧跟图注(见上例)。图的脚注应由从“a”开始的小写拉丁字母上标来区分。在图中应以相同的小写拉丁字母上标在需注释的位置标明脚注。图的脚注可包含要求。因此，当起草图的脚注的内容时，应使用 GB/T 1. 1—2002 附录 E 中适当的助动词，以明确区分不同类型的条款。

5. 表

表是表达标准技术内容的重要手段之一。在适当的情况下，用表表达标准的技术内容可达到简明、容易对比的效果。在标准中，通常用表来反映标准化对象的技术指标、参数、统计数据、分类对比等。

(1) 用法。如果用表提供信息更有利于标准的理解，则宜使用表。每个表在条文中均应明确提及。不允许表中有表，也不允许将表再分为次级表。

(2) 编号。应使用阿拉伯数字从 1 开始对表连续编号，在附录之前表的编号应一直连续，并且与章、条和图的编号无关。只有一个表时，也应标为“表 1”。附录中表的编号应在阿拉伯数字编号之前加上标识该附录的字母，字母后跟下脚点，例如，“表 A. 1”。

（3）表的编排。

①表题的编排：表题即表的名称。每个表宜有表题，并置于表的编号之后。标准中有无表题应统一。表的编号和表题应置于表上方的居中位置。

②表头：某栏中使用的单位一般应标在该栏表头中的物理量名称之下。如果表中所有单位都相同，可在表的右上方用一句适当的陈述（如“单位为毫米”）代替各栏中的单位。

不允许使用斜线在表头中区分栏目的名称，这种情况下，应对表头进行调整。

③表的接排：如果某个表需要转页接排，在随后的各页上应重复表的编号。编号后跟表题（可省略）和“（续）”。续表均应重复表头及与单位有关的陈述。如“表 1（续）”。

（4）表注。表注应位于有关的表格中及表的脚注之前，表中只有一个注时，应在注的第一行文字前标明“注”。同一个表中有多个注时，应标明“注 1”“注 2”“注 3”等。每个表中的注应单独编号。

表注不应包含要求。有关表的内容的任何要求应作为条文、表的脚注或表中的段而给出。

（5）表的脚注。位于有关的表格中，并紧跟表注。表的脚注应由从“a”开始的小写拉丁字母上标来区分。在表中应以相同的小写拉丁字母上标在需注释的位置标明脚注。

表的脚注可包含要求。因此，当起草表的脚注的内容时，应使用 GB/T 1.1—2009 附录 E 中适当的助动词，以明确区分不同类型的条款。

第三章　农产品生产标准化

第一节　良种繁殖标准化

由于科学技术的进步和经济的发展，种子的生产和交换越来越专业化、社会化。现代企业管理和种子生产者、经销者以及用户均要求有一个统一的尺度来规范种子的操作技术和市场行为，即实行种子标准化。种子标准化是种子现代化以及农业现代化的重要组成部分，是实施农业绿色革命的重要措施。

种子标准化（seed standardization）是通过总结种子生产实践和科学研究的成果，对农作物优良品种和种子的特征、生产加工、质量、检验方法及种子包装、运输、贮存等方面，作出科学、合理、明确的技术规定，制订出一系列先进、可行的技术标准，并在生产、使用、管理过程中贯彻执行。简单地说，种子标准化就是实行种子技术标准化和种子管理标准化。种子技术标准化是为提高种子质量在品种利用、种子生产、经营、检验、包装、运输、贮藏的各个技术环节中而规定的技术标准。种子管理标准化，即为了提高种子质量、保证技术标准化的实施、规范市场行为制定的法律、法规等各种管理标准。

种子技术标准化是种子标准化的核心，是种子管理标准化的技术依据，种子管理标准化是种子标准化的保证，是种子技术标准化实施的法律和政策依据。二者相辅相成，相互补充、相互配合，共同构成种子标准化的内涵。

一、种子技术标准化

种子技术标准化含括了农作物优良品种标准，农作物原（良）种生产技术规程，种子质量分级标准，农作物种子检验规程和种子包装、运输、贮藏办法。

1. 农作物优良品种标准

生产上推广、大面积利用的品种必须是品种审定委员会审（认）定通过的品种，未经审（认）定的品种只能小面积试种。国家和各省、自治区、直辖市的品种审定委员会审（认）定通过的品种，由审（认）定通过的品种审定委员会登记、编号、命名，并发布通告，予以公布。同时还要组织育种单位或个人对审定通过的品种制定文字标准，并由育种者提供实物标准（育种家种子）。

（1）文字标准。文字标准包括品种来源，产量水平，植物学特性，生物学特性，经济性能，抗逆性，栽培技术要点等。如《中国小麦品种志》《河南小麦品种志》《河北省农作物种子标准》等书中的各个品种介绍，都属文字标准。

（2）实物标准（育种家种子）。由育种单位或个人提供实物标准，即提供一部分由育种家育成的遗传性状稳定的品种或亲本的最初一批种子。这些种子一部分用来高倍繁殖、加速优良品种的利用，另一部分保存作为品种的标准种子，以便田间小区种植鉴定时作为标准样品。

2. 农作物原（良）种生产技术规程

不同的农作物有各自的繁殖方式、授粉方式和繁殖系数，对环境条件的要求也各不相同，为确保生产出符合要求的原（良）种，根据各自特点制订农作物原（良）种生产技术规程，使育种单位遵照执行，以克服农作物优良品种退化和提高种子质量。自花授粉作物的技术规程应包括单株（穗）选择，株（穗）行圃、株（穗）系圃、原种圃的材料来源、种植方法、田间鉴定、收获、室内考种等内容。杂交种要求更为严格，技术规程应包括选地隔离、父母本错期播种的时间、父母本行比、去杂去雄要求、人工辅助授粉、收藏等。还有国家质检总局《玉米种子生产技术操作规程》（GB/T 17315—2011）、农业部《脱毒甘薯种薯（苗）病毒检测技术规程》NY/T 402—2000。此外，河南省技术监督局和种子管理总站根据不同作物分别制定了原（良）种生产技术规程，有的制订成地方标准，如南京市质量技术监督局《农作物种子质量检验管理规程》（DB3201/T 030—2003）、广东省质量技术监督局《甜玉米种子生产技术规程》（DB44/T 208—2004）等及其他规程，这些标准和规程为生产高质量的种子提供了技术依据。目前，一些科研院所也提出了生产原（良）种的新方法，这些方法是否能够应用于生产，决定于用这些方法产出的原（良）种是否符合种子质量标准的要求，并降低成本，简化程序。

3. 种子质量分级标准

种子质量分级标准是根据纯度、净度、发芽率、水分等指标制定的。其中品种纯度是主要的定级依据。GB 4404 至 GB 4407 标准和 GB 8080 标准等，把农作物种子、蔬菜种子、绿肥种子的常规种和无性繁殖作物的种子分为原种及一、二、三级良种四个等级。把杂交亲本种子分为原种及一、二级。把杂交种分为一、二级。不同等级的种子对品种纯度、净度、发芽率等指标要求不同。各省、自治区、直辖市根据各自实际情况也制定了相应标准。种子质量分级标准是种子技术标准化最重要和最基本的内容，是种子管理标准化的主要技术依据，也是用来衡量和考核原（良）种生产、良种提纯复壮、种子经营和贮藏等工作的指标，又是贯彻原（良）种按质论价，优质优价的依据，有了这个标准，种子标准化就有了明确的目标。

4. 农作物种子检验规程

生产、销售、使用的种子质量是否符合规定的标准，必须通过种子质量检验才能得出结论。种子检验的结果与所用的检验方法关系极为密切，不同方法往往得出不同的结果，为了保证检验结果的准确性、重复性，就要制定一个统一的、科学的种子检验方法。例如，《农作物种子检验规程》（GB/T 3543.1至3543.7—1995），该规程共包括7个标准，即总则、扦样、净度分析、发芽试验、真实性和品种纯度鉴定、水分测定、其他项目（生活力、健康、重量、包衣）。其中净度和发芽率测定等效采用国际标准，其余为参照采用。田间小区种植鉴定采用OECD（国际经济合作与发展组织）认证方案，整个标准是一个先进标准的复合体，其先进性是不言而喻的。

5. 种子包装、运输、贮藏办法

种子在流通过程中，必然要经过包装，运输和贮藏等环节，在这些环节中往往由于某一方面的疏忽而降低种子质量，失去种用价值。因此，制定种子包装、运输和贮藏的办法，保证种子质量是非常必要的。

（1）主要农作物种子包装标准。《主要农作物种子包装》（GB 7414—1987），是我国现行的包装标准，该标准对贮藏、运输包装的材料、制作、分类，不同类型不同作物的装量等都作了规定。采用种子标准化包装，除按《主要农作物种子包装》（GB 7414—1987）的标准实施外，所装种子必须符合其他有关种子国家标准或地方标准。

（2）主要农作物种子贮藏标准。《农作物种子贮藏》（GB 7415—2008）对仓库设备、贮藏种子质量和保管、虫害防治、出库等都作了具体规定。种子技术标准化涉及的现行标准中引用了其他一些标准，引用的这些标准有的被一些新标准所代替，所以要注意收集种子标准化方面的新标准和政策，把这些标准和政策运用到生产实践中。

二、种子管理标准化

在以往的种子管理中，受社会因素影响较多，随意性较大等，为了避免这些弊端，将种子管理纳入种子标准化，对于提高种子管理水平，保证市场秩序和用种质量具有重要意义。种子管理标准化包括种子管理方面的法律、行政法规、地方性法规和规章，以及国家标准化管理委员会和国家质检总局发布的技术标准。

1. 种子管理法律

种子管理法律是依据宪法经全国人民代表大会及其常务委员会通过的有关种子的法律，这些法律有 2002 年 12 月第九届全国人民代表大会第三十一次会议修订的《中华人民共和国农业法》和 2012 年 8 月第十一届全国人民代表大会常务委员会第二十八次会议修正的《中华人民共和国农业技术推广法》。这两个法律把 1991 年国务院发布的《中华人民共和国种子管理条例》的有关内容以法律的形式在上述两个法中体现出来，用来规范种子行业的行为，使我国的种子事业健康有序地发展。

2. 种子管理行政法规

种子管理行政法规有 1989 年 3 月国务院发布的《中华人民共和国种子管理条例》。国务院为了贯彻实施法律，依据宪法和法律，又相应制定的《实施条例》《实施细则》，如农业部 1997 年 12 月发布的《中华人民共和国种子管理条例农作物种子实施细则（修正）》。还有在制定法律条件不成熟时，国务院也可以先制定法规，待条件成熟再总结经验，更新补充内容，上升为法律。如国务院1989年发布《中华人民共和国种子管理条例》时，还没有相应的法律。

3. 种子管理的地方性法规

所谓地方性法规是各省、直辖市、自治区及其人民政府所在地的市，经国务院批准的较大的市的人民代表大会及其常委员会制定的地方性法规。

4. 种子管理规章

种子管理规章包括部门规章（国务院各部委根据法律、行政法规制定的规范，或者在没有相应法律、行政法规时，先行制定的规范）、政府规章和经济特区规章。

上述种子管理的法律、行政法规、地方性法规、规章之间的法律效力是不同的，法律的效力高于行政法规，行政法规高于地方性法规，地方性法规又高于部门规章，呈依次递减，处于较低效力规范不能与比它效力高的规范相抵触，否则是无效的。人民法院或种子管理部门在审理种子案件或管理市场时，应该把法律、行政法规、地方性法规作为遵照执行或审理案件、管理市场的依据，而部门规章或其他规章只能参照适用。将种子的有关法律、行政法规等作为种子管理标准化的主要内容，并不是降低法律、行政法规的地位，在实践中法律、法规也正是种子管理的依据，将种子法律、法规纳入种子管理标准化，成为种子管理标准化的主要内容是强化种子管理的一项根本措施。

5. 种子管理的技术标准

种子管理的技术标准是指国家或地方的标准局、技术监督局发布的国家或地方标准。种子管理的技术标准就是种子技术标准化所指的内容，前已阐述，此处不再赘叙。

上面我们论述了种子标准化的种子技术标准化和种子管理标准化的内容及现行法规、标准，这些内容是我们做好种子标准化工作的依据，不论是种子生产、经营单位，还是管理部门都应该认真学习，自觉执行，按照种子标准化的要求生产、经营高质量的种子；按照种子标准化的要求管好种子生产、流通的全过程，使农民能用上符合种子标准化要求的种子，从而促进种子事业的发展，促进农业现代化的发展和实现。

果蔬（食用菌）：集约化、设施化生产过程及质量安全控制的标准化生产。

第二节　果品生产标准化

果品质量安全控制的标准化生产主要包括以下几点。

一、园址选择

新建的果园的选择符合果品生产产地环境质量规程要求。果品产地应选择生态条件良好、远离污染源并具有可持续生产能力的生产区域。其产地的空气、土壤、用水等质量必须符合质量安全标准。

二、品种及苗木选择

1. 品种选择

根据市场需求和生态条件，本着“适地适栽”的原则选择品种。

2. 果苗培育

为了使果苗品种纯正、砧木适宜，嫁接愈合良好，根系发达，并且无严重病虫害和检疫性病虫害，在良种果苗的繁育中，应建立良种接穗母本园、砧木母本园、良种采穗圃和良种苗圃。育苗过程中必须实行规范化、规模化及无毒化生产，使得果苗达到质量安全标准。

三、栽植果树

栽植果树过程中栽植的时期，栽植密度、栽植方法以及授粉树的配置要遵循产地的生态环境及所选果树品种的生理特性。

四、土壤管理技术

1. 深翻改土

为了满足短期内改良果园土壤所需的大量有机肥，幼年树行间隙应尽可能地栽种绿肥，每年深翻埋青以培肥地力，促进果树生长，提高产量。

2. 果园生草

生草的方式可选用行间种草、株间清耕覆盖的方式。草种的选择可根据果树的品种不同而选择不同的草种。

3. 果园施肥技术

果园施肥要遵循平衡施肥原则，以有机肥、长效复合肥为主，矿物源肥料为辅，以生物菌肥、腐殖酸类等复合土肥为补充，使果园的有机质含量达到一定的标准。施肥方法采用基肥、追肥和叶面喷肥，其施肥的时间、次数、数量、品种和方法等根据所选的品种以土壤肥力适宜施用。

4. 水分管理技术

水分管理一般采用穴贮肥水及覆盖保墒的方法。

五、整形修剪技术

树形的选择主要根据栽植密度确定适宜树形和修剪的目标。修剪根据果树所处的时期不同而分为幼年期果树整形修剪和盛果期整形修剪。幼年期果树修剪技术重点是培养良好的树冠骨架；而盛果期修剪技术重点是疏除重叠枝、密生枝、徒长枝和干扰树体结构的强旺大枝，更新结果枝组。

六、花果管理技术

花果管理技术主要包括疏花疏果和保花保果技术。

1. 疏花疏果

当发芽后能准确识别花芽时，立即进行花前复剪。在花蕾期，根据品种和树势强弱，决定所留花序和花蕾，将多余的全部疏除。疏果、定果从落花后开始，树冠外部、顶部适当少留果，中下部多留果；弱枝少留果，壮枝多留果；不留或少留朝天果，多留下垂果。一般情况下，要严格留单果。

2. 保花保果

在初花期和盛花期可喷一定的坐果剂或进行果园花期放蜂，促进授粉坐果，授粉树不足的果园应进行人工辅助授粉。预防花期和幼果期霜冻可采用树上喷水、果园灌水和烟熏等方法。

七、果实套袋

有些果品需要在中晚熟优良品种中，对果园综合管理水平高、树体结构合理、严格疏花疏果的树进行果实套袋用来防果锈、防污染、提高果面光洁度，以生产优质高档果。

在此期间，果袋的选择应为有注册商标的合格产品。另外套前需要喷一次内吸型杀菌和杀虫剂。套袋和除袋的时期及方法根据不同品种而不同。

八、病虫害综合防治

病虫害的防治采用综合防治，加强病虫害防治可提高果实品质。在防治过程中要严格遵循植物有害生物治理技术规范和相关标准。

九、果实采收及加工

根据品种的成熟度和市场用途，适期分批采收。采收时要轻拿轻放，应剪除果柄，以防擦伤或刺伤果实。采收后，为进一步确保果品在采后到消费前符合质量安全标准要求，对其果品还要进行安全包装和贮藏，使其在包装和贮藏过程中也要符合质量安全标准要求。

第三节　蔬菜生产标准化

蔬菜质量安全控制的标准化生产主要包括以下几点。

一、产地环境要求

蔬菜产地的农田灌溉水质、加工水质、土壤环境质量和大气质量要达到我国相关标准的要求。

二、种子管理技术

种源是农业生产中最基本的生产资料，种子质量的好坏直接影响以后的生产和收成。

1. 品种选择

选用优良品种应根据当地自然条件、农艺性能、市场要求和优势区域规划选择蔬菜品种，要求所选种子必须抗病、优质丰产、抗逆性强、适应性广、商品性好，此外如果自繁种子时，应制定和执行相应的生产技术规程、产品质量标准，建立植物健康质量控制系统。

2. 种子质量

采购的种子应符合所要求的标准，并具备检疫合格证或相关的有效证明。保存种子质量、品种纯度、品种名称等有关记录及种子销售商的证书。

3. 种子处理

可选用适宜的种子处理措施，种子处理措施应经技术负责人认可，应保存种子的处理记录。

4. 种子使用

种子的使用应符合《中华人民共和国种子法》及其配套法规的有关规定。

三、肥料管理技术

1. 肥料类型和用量

根据土壤状况、蔬菜种类和生长阶段以及栽培条件等因素，选择肥料类型。施用肥料的种类以有机肥为主，其他肥料为辅。禁止使用工业垃圾、医院垃圾以及未经处理的污水污泥、城市生活垃圾和人、畜粪便；允许施用经充分腐熟，达到无害化、符合相关标准的肥料。应遵循培肥地力、改良土壤、平衡施肥、以地养地的原则，科学、平衡、合理施用料，提高肥料利用率和降低肥料对种植环境的影响。

2. 施肥

应根据肥料类型和蔬菜品种制订科学合理的施肥方案，建立和保存肥料使用记录，主要内容包括：肥料名称、类型及数量、施用肥料日期、施肥地点、施肥机械类型、施肥方法、操作者姓名等信息。需要器械辅助施用肥料时，应合理操作器械并对施肥器械定期进行检查和维护。用毕的施肥器具、运输工具和包装用品等，应严格清洗或回收。

四、土壤管理技术

为保证耕地土壤质量在生产过程中得到不断改良，避免土壤肥力减退和土质劣化，有必要采取以下管理措施。

（1）耕地土壤资料作专门的归类保存，并定期更新。

（2）因地制宜制订水土保持和土壤改良计划和具体改良措施。例如，适当安排种植一些豆科作物和绿肥，施用有机肥、微生物菌肥改土等。

（3）耕作生产过程中必须坚持有机肥为主、无机肥为辅的原则。采取测土配方施肥，保证供给作物营养的平衡协调，防止不合理滥用化肥造成土壤板结、盐分积累和肥分流失污染环境。

（4）合理采用设施保护、地膜覆盖等栽培技术，制定相应的管理规程，并有详细的管理记录。

（5）经常性地根据作物生长情况的物候观察、土壤团粒结构变化、土质板结的物理性观察和测定判断土壤变化情况，必要时应由有资质的检测机构定期对土壤进行有害物质的分析检测，监控土壤质量状况。

五、灌溉管理技术

1. 灌溉用水质量

灌溉水必须符合国家规定的灌溉水标准，蔬菜生产要求更加严格、必须经常性地检测、保护灌溉水源，定期抽样分析，并做好档案记录。

2. 灌溉需求原则

我国属于缺水国家，水资源十分宝贵，为满足作物生长需要，必须制定具体的灌溉计划，灌溉计划不仅要考虑到作物的需水量，还要考虑降水情况，土壤蒸发量及土壤保水能力。应根据节水原则，经济合理地利用水资源，科学地用水，充分发挥水资源的作用。

3. 灌溉方法

常见蔬菜的灌溉方法有漫灌、沟灌、浇灌、喷灌、滴灌和渗灌。应根据作物种类选择适宜的灌溉方式。一般来说，滴灌和渗灌最节水，还可以避免大部分农作物的可食用部分与水接触，可以将微生物污染农作物的风险降最低程度。该方式还可降低植物间的相对湿度，有利于控制病害的发生蔓延。高秆和藤蔓上架的蔬菜最适宜使用滴灌和渗灌；绿叶蔬菜适合使用喷灌。

六、病虫害防治技术

蔬菜种植生长期间经常受到有害生物侵害、不良环境条件的影响，常因发生病、虫害而造成损失。生产中不合理使用农药，引发病虫害抗药性，使得农药的使用不断提高；也由于广谱性农药大量杀伤农田系统中的非靶标生物，打破了自然界中原有的生态平衡，导致病虫害发生的“再猖獗”，一些次要性害虫上升为主要害虫，加剧了为害；更为重要的是，农药的大量使用造成产品中农药残留的增加、对农产品的污染，影响农产品质量安全。

1. 预防为主，综合防治

对蔬菜病虫害的防治不能单纯依赖化学农药的施用，而是需要根据产地的实际情况，将法规检疫、栽培制度、抗病虫品种选用、合理的田间管理操作、物理的、生物的和化学防治方法相结合，制定有效的综合防治措施。具体从以下几个方面入手。

（1）遵守法规，实施检疫。我国地域广阔，防止各地区之间作物病虫害等有害生物的传播为害十分重要。不仅对国外的植物有害生物进行口岸检疫，对国内不同区域之间植物材料的运输也应加强检疫。防止外来有害生物入侵，减少作物病虫为害。

（2）合理的栽培制度，中断病虫害的循环传播，减少病虫源的积累，达到减少病虫为害和降低农药使用量的目的。

（3）选用抗病虫品种，减轻病虫为害。

（4）农事操作中采用合理的耕作措施，同时能消灭部分病虫，造就不利于病虫害发生的条件，并提高作物抗病虫害的能力。

（5）多种物理的措施也非常有效地应用于病虫害的防治。

（6）因地制宜开展生物防治。

（7）使用农药是当前防治蔬菜病虫害最重要的手段之一。必须尽量使用生物农药、仿生农药以及新型高效低毒低残留的合成化学农药。使用时应对症下药，选择最佳的施药时机，严格按照规定的剂量和浓度施用，并保证规定的安全间隔期。另外，尽量避免大规模喷施广谱性药剂，以减少对天敌和非靶性生物的杀伤，利于农药使用与其他措施相协调。

2. 农药安全使用注意事项

（1）必须遵守国家有关农药安全使用规则。严格在蔬菜上使用高毒和高残留农药，不得在出口产品上使用产品销售目的国禁用的化学品。

（2）准确预测预报，把握适宜的施药时机，对症用药。

(3) 遵循农药安全间隔期。安全间隔期是指自喷药后到残留量降至最大允许残留量时所需要的时间。各种农药的安全间隔期因药剂品种、作物种类及施药季节的不同而异。在实际生活中，最后一次喷药到蔬菜收获之前的时间必须大于所规定的安全间隔期，不允许在安全间隔期内收获作物。

(4) 正确处理剩余药剂和农药空器。

3. 使用农药必须建立完善的田间记录制度

每次使用农药的田块、作物对象、使用时间、农药种类、使用浓度（剂量）等资料必须做好详细记录，并保存归档，作为产品收获安全保证的重要参考，便于质量安全的追溯。

七、采收与加工

蔬菜的采收时期，不仅对产量、品质和耐贮性有着重要的影响，而且采用合理的采收卫生操作程序，大大降低采收和加工中各个方面的污染风险。

1. 采收前的质量检验

采收前的质量把关，对于产品内在质量保障和产品质量安全十分重要，具体把握好以下环节。

根据品种特性、气候条件、生育期和生理指标等，判断成熟度和确定适宜采收期。

根据生产过程中肥料、农药使用记录，评估和判断农药的使用是否达到了规定的安全间隔期；生产用水和有机肥料中是否存在污染的可能；化肥使用是否合理。上述评估如果发现存在质量安全的风险，必须采用相应措施处理后，并通过必要的检验合格后才准许采收。

进行必要的采收前田间抽样检测。采前检测主要针对农药残留问题进行。为保证产品质量安全，一般要求每个蔬菜餐区都设立检测室，配备农药残留快速检测仪器等设备和专职检测技术员，并定期送样本到有资质的检验机构进行检验核对。

2. 蔬菜产品的采收

应配备专用的采收机械、器具，并保持洁净、无污染。

3. 蔬菜产品的加工

要避免蔬菜采后加工过程中遭受二次污染，场所设施完备和卫生环境良好是最基本的要求。在此过程中，应制定蔬菜加工安全操作规程，使得销售前的蔬菜产品能够达到质量安全标准。

第四节　经济作物生产标准化

以糖果瓜菜为主的经济作物是保障城乡人民生活有效供给、增加农民收入、保护生态环境、发展观光农业的重要产业，对于发展特色高效农业和“一村一品”产业，优化资源配置，发挥区域优势，调整产业和产品结构，构建强势竞争力农业产业体系具有极为重要的意义。因此，为了提升我国经济作物产品的市场竞争力，应对国际市场的“绿色壁垒”，在生产过程中必须制定和推广应用具有地域特色经济作物产品的技术、质量等级规格标准，逐步引导经济作物产品分级包装上市，提高经济作物产品的技术规范化、质量等级化、重量标准化、包装规格化程度。尽快健全完善统一的与国际标准接轨的农产品质量标准体系和生产标准体系，通过示范推广，大力普及农业标准化基础知识，使经济作物产品的生产过程严格按照标准进行，以尽快适应现代农业发展的要求。必须把标准化生产与无公害农产品生产有机结合起来，按照统一环境质量、统一关键技术、统一规程标准、统一监测方法、统一产品标识等要求，严格组织标准化生产示范，指导生产者科学合理地使用化肥、农药、除草剂、生长激素等。同时在产品采收加工、贮运保鲜、批发销售等环节实行标准化管理，以提高产品质量和确保产品的营养安全。

一、产前

首先必须根据生产目标（如销售地、销售对象）和相应标准，开展产地环境检测（包括灌溉水或饮用水、土壤、大气），结合可能的污染源分析，选择在符合要求的产地环境进行规划和生产。同时，注意对产地环境的保护，严格控制周围工业“三废”和生活垃圾的排放，防止生产过程中因使用农药、肥料等农业投入品而造成对产地环境的二次污染（如矿物肥料或某些有机肥料过量使用，可引起土壤汞、铅、镉、铬、砷等重金属或有害元素超标）。定期或随机展开产地环境动态监测，确保生产出来的产品能达到标准要求。对不符合要求的产地，则不宜组织生产，或待改造净化（如采取土壤修复措施）达标后才能继续从事生产活动，以便从源头上把好质量安全关。为了从制度上保障安全生产，还应建立严格的企业、基地或协会管理制度，制定质量管理手册，建立生产岗位责任制。

二、产中

要建立安全生产技术体系和技术档案。在整个生产（包括种植、养殖加工）过程中，从育苗繁殖、生长发育、成熟收获，直至加工包装，各个环节或步骤及其所采取的技术措施都必须遵循安全生产原则和相应的操作规程。尤其对动植物有害生物的防治，必须优先采用综合防治技术，并尽可能采用高效、低残毒或无害化、绿色或环境相容型的安全生产技术或自然产品，保护利用生物多样性，开展生物防治或充分发挥自然平衡调节及控制作用，尽量避免使用或少用人工合成或具有毒害副作用的农业投入品（如瑞士等国前些年实施农药使用减半计划，取得了较好结果）。当确有必需使用化学农药、化肥、兽药、饲料添加剂等农业投入品时，应严格按标准操作使用，要从采购、管理、使用等各个方面加以控制。要加强动植物病虫害的检疫、防疫和防治，加大对动植物疫情的监督管理。同时，要坚持做好生产档案记录，并实行定点监控。为此，还要加强对生产者的技术培训，提高素质。

三、产后

要建立质量安全检测监控体系，建立质量安全检测制度和追溯制度，设立检测实验室，配备检测人员和检测仪器，安排检测人员培训。对每个批次生产的半成品和最终产品，要实施自我常规检测（以快速定性检测为主）和定期送检（定量检测确诊）制度，并随时接受管理部门的监督抽查。实施质量安全追溯制度，要以生产档案为依据，结合实际情况，追溯分析，以进一步提高质量安全水平。同时，要积极申请无公害、绿色或有机食品及其他质量安全认证，加强商标和认证标识的管理，强化品牌意识，促进销售。此外，在商品运输和销售过程中也要严防污染。

第五节　设施农业标准化

设施农业标准化是围绕设施产业，根据已有的标准结合当地设施生产的实际特点，制定当地的产地环境、生产技术、质量安全等设施产业标准，指导当地设施农业由经验种植向标准化种植转变。同时，在保证按标准生产的前提下，对设施生产的产品要制定适宜的采收标准、分级标准、加工标准、包装标准、贮运标准，在产品生产和营销各环节形成被认可的、完整的技术标准。设施农业标准化包含设施栽培、饲养，各类型玻璃温室，塑料大棚，连栋大棚，中、小型塑棚及地膜覆盖，还包括所有进行农业生产的保护设施等标准化。通过对设施农业生产进行标准化充分发挥作物的增产潜力，增加产量，由于有保护设施，防止了许多病虫害的侵袭，在生产过程中不需要使用农药或很少使用农药，从而改善商品品质，并能使作物反季节生长，在有限的空间中生产出高品质的作物。设施农业标准化还通过采用现代农业工程技术，改变自然环境，为动植物生产提供相对可控制甚至最适宜的温度、湿度、光照、水肥等环境条件，而在一定程度上摆脱对自然环境的依赖进行有效生产的农业，具有高投入、高技术含量、高品质、高产量、高效益等特点，因此，近几年来也普遍受到了人们的关注。

设施农业标准化应从其产品种类的标准化抓起，不断推进名、特、优产品的标准化。产前抓好产品种子标准的制定实施，按照“统一供种，统一供肥，统一供药，统一管理技术，统一收购产品”的要求，重点抓好产地环境的标准化建设，建设一批有规模的无公害、绿色、有机蔬菜标准化生产基地。产中重点抓好病虫害防治和施肥标准化，杜绝在产品上使用剧毒、高毒、高残留农药，推广使用高效，低毒农药、生物农药和综合防治措施；制定施肥标准，合理施肥，控制氮肥施用量，防止产品所禁止药品含量超标，确保产品质量安全。产后重点抓好产品的分等定级标准。兼顾加工包装、储运标准，推行市场准入制，提高产品的商品率，确保优质优价，提高经济效益。同时，龙头企业可以与农户签订合同，采取“公司+标准+农户”的方式，统一供种，提供技术，收购产品，合同管理。这样可以使标准化技术的推广环环相扣，形成体系，落到实处，见到实效。

第六节 种植业标准化实例

以蔬菜设施栽培为例，主要包括以下几个方面。

一、产地要求

1. 产地环境的标准化建设

由于蔬菜生产过程主要在产地环境中进行，产地环境受到有害物质的污染，必然影响蔬菜质量安全。土壤、水源、空气状况是构成产地环境质量的三个主要方面。地理和生态系统的自然形成是影响产地环境质量的原生因素，而人类生产建设等活动的影响则是次生要素。

因此，在进行蔬菜生产时，应对基地的土壤、水、空气等进行监测，确保其符合蔬菜质量安全生产的要求；对基地进行风险评估，对存在的风险采收相应措施，将其降低到允许范围内，确保周围环境在以后的生产过程中不对基地造成污染。

2. 产地的设计和建设

产地设计的内容包括道路水利设施、土地平整与改良、产地内各项设施的布局以及防止外来水流、空气污染物的屏障的措施等。

（1）道路和水利设计建设。道路的建设主要不仅考虑提高基地生产运作的效率，要求道路畅通、运输方便。还要保证产地环境质量。水利设计建设主要不仅考虑产地充足的灌溉和加工用水及降水季节的排涝还要从保障产品质量安全的角度考虑。

（2）产地设施合理布局。产地应因地制宜，充分考虑多种因素，做到产地的合理布局设计建设。

（3）土地平整和土壤改良。土地平整和土壤改良，不仅能提高土地利用率，便于生产操作和提高生产效率，通过合理的平整和改良再结合生产栽培制度的调整，还可以把可能产生为害的风险降到最低。

二、蔬菜种子的使用管理

选用抗病虫品种，播种前进行适当的种子处理。

三、温室大棚管理

选用适合本地的日光温室结构。

科学选择和使用农膜、化肥、农药、种子等农用资材，以节省用量，并提高使用效果。

注重有机肥料、生物肥料的施用；推广配方施肥技术。

推广适应市场产品需求的高效栽培模式和品种。

运用温室设施环境标准化管理技术。

严把栽培技术关，推广节本增效技术、高效节水灌溉技术、地暖技术等。

建立以生物防治为中心的病虫害防治技术体系，降低生产成本，减轻农药污染，提高蔬菜品质。

四、生产基地配套工程建设

基地配套工程建设，主要围绕阻断污染，包括二次污染保持基地生态环境良性循环。

防风林带：基地周边或内部有大量防风林带，起到了净化大气，稳定气流和防灾、抗灾作用。

排灌工程：设置排水渠，雨后积水能迅速排出，统一供水，设有深水井，电泵房，采用节水灌溉技术，根据栽培方式和蔬菜种类选用滴灌、喷灌、地下渗灌等。

田间道路规划合理配置了主干道与间作业道，尽量节约用地，又便于运输作业管理。

设施类型选择与配套建设，覆盖材料的选择，设施内温度、光照、水分、气体、土壤营养等环境综合调控设备的要求。每个棚室内的品种、温度、湿度、病虫害发生情况及时预报。

棚室土壤改良工程对棚室内的土壤逐年进行综合治理，以施含重金属低的农家肥为主，配施微生物肥，严格控制化肥和含各种重金属化肥的施用量。推广保护地生态防治、物理防治、生物防治和农业综合防治技术。

五、蔬菜采收及采收后处理

蔬菜采收前必须进行一次质量安全检测，确定其采收时间和制定采收过程中所要执行的标准，达到质量安全标准。

采收后对蔬菜进行加工、包装、贮运。根据质量等级标准对产品进行分等分级，在加工、包装、贮运过程中遵循产品质量安全标准的要求，在销售前能够保证产品优质。

第七节　畜禽养殖标准化

一、畜禽良种化

1. 加强畜禽良种扩繁场建设

根据各地繁育体系建设规划，有计划地新建或扩建一批种畜禽场，使其满足当地畜牧主导产业发展的需要。种畜禽场建设要分级配套、突出重点。种公牛站、原种场、保种场以完善设施，提高保种、育种能力为主；一级种猪场、祖代鸡场以扩大规模，提高规模效益为主；新建或扩建一批二级种猪场、父母代种鸡场，提高供种能力和良种覆盖率，适应现代畜牧业发展和畜产品生产加工基地建设需要。

2. 确立和建设好遗传资源保种场（保护区）

完善畜禽遗传资源保护制度，确立和建设好国家和省级两级保种场、保护区和基因库，提高畜禽种质资源保护能力。按照相应的审报批复制度，继续申报争取建设国家级畜禽遗传资源保种场、保护区和基因库；积极探索开展省级保种场、保护区和基因库建设。各地一定要在畜禽遗传资源调查的基础上，严格按照农业部第 64 号令《畜禽遗传资源保种场、保护区和基因库管理办法》要求，做好国家级、省级畜禽遗传资源保护品种的保种场、保护区的申报、建设、管理工作，使其发挥畜禽遗传资源保护功能。

3. 实施好畜禽改良中心（站、点）建设

建设市级家畜冻精（液氮）中转站、县级改良中心站，完善乡级标准化改良站点，建立适应现阶段畜牧业发展的技术支撑体系，普及和推广良种，加快畜牧业科技转化。

4. 强化畜禽质量监测体系建设

组织一级以上种猪场开展种猪性能集中测定，加强对各供种猪场种猪质量监管；鼓励种猪场开展场内测定和遗传评估，提高种猪育种水平；通过统一测定评比、拍卖等多种形式，引导种猪企业选种育种，提高种猪整体遗传素质。继续推进奶牛 DHI 测定工作，做好 DHI 技术的“宣传、引导、示范、推广”工作，组织规模奶牛场开展奶牛 DHI 测定。

5. 搞好畜禽良种的推广利用，提高畜禽良种化程度

6. 开展畜禽良种登记和联合育种工作

按照农业部《优良种畜登记规则》要求，完善设施，改

进职能，建立体系，组织开展畜禽良种登记，向社会推荐优秀种畜。继续组织开展奶牛良种登记，扩大登记牛群数量，组织选种选配，加大对良种补贴后代牛的登记管理工作，并通过各种形式，及时向社会公布。继续做好全省种猪联合育种工作，开展种猪现场测定、遗传评估与基因交换，发布种猪遗传评估报告，加强遗传联系，提高优秀种猪在联合育种群中及社会猪群中的基因频率，加快遗传进展。

7. 做好畜禽遗传资源保护利用工作，推进畜牧业可持续发展

8. 加大地方畜禽遗传资源的保护力度

在畜禽遗传资源调查的基础上，加大地方畜禽遗传资源的保护力度。在建立或者确定畜禽遗传资源保种场、保护区和基因库的同时，进一步完善各个品种的保种规划，明确保护规模、形式、方法、机制等；开展地方畜禽遗传资源的品种登记，及时掌握资源动态信息；完善措施，严格杜绝外来品种进入保种场、保种区，防止品种混杂消亡；加强遗传资源的研究开发工作，根据品种特色性状，组织选种选配，不断提纯复壮；落实各级政府，尤其是品种原产地政府在畜禽遗传资源保护中的主体地位，实行保种补贴政策。

9. 推进畜牧业生产方式和增长方式转变

当前畜牧业正处在由传统畜牧业向现代畜牧业转型时期，畜牧生产由数量增长型向质量效益型转变，标准化、集约化、现代化养殖已成为不可逆转的发展趋势。继续开展“抓小区、带农户、促进农民增收”行动，积极引导散养农户向小区集中，使养殖小区成为建设规范、生产标准、管理科学、效益显著、生态良好的优质畜产品生产基地。同时，积极引导规模养殖企业加快发展，扩大生产规模，提高生产和管理水平，提高

其规模效益。

二、疫病防控

目前，畜禽疾病呈现出新病多，典型疾病非典型化的现象。多种疾病混合感染严重，条件致病性病源疾病、营养代谢病及中毒性疾病日益增多，导致畜禽发病率、死亡率增加、疫苗的免疫效果不佳，生产性能下降，生产成本增加。特别是农村散养及中小规模养殖场经济损失严重，面对如此严峻的形势，如何才能有效地控制疾病的发生和流行？只有全面构建综合防疫体系。采取综合防制措施才能降低疾病的发病率、死亡率。

（一）畜禽疾病的类型

畜禽疾病的发生是畜禽机体受到各种不良因素的影响破坏而引起的。由于致病因素不同，疾病表现各异，因而疾病的种类也不同。常见的畜禽疾病有以下几类。

1. 传染性疾病

此类疾病由病毒、细菌、真菌、寄生虫病引起。具有传染性，又称为疫病或瘟疫，对养殖业为害极大，其特点是流行快、蔓延广、死亡率高。这类疾病一般用疫苗可进行免疫预防。

2. 非传染性疾病

此类疾病不具有传染性，但常导致生产性能下降，经济效益降低，造成的损失很大，根据致病因素的不同可分为以下三种。

（1）营养代谢性疾病。是由于圈养畜禽所喂饲料营养不全面，缺少某些营养物质。如钙磷缺乏症、维生素缺乏症、微量元素缺乏症等。

(2) 中毒性疾病。由各种化学物质引起的中毒症，如饲料所用原材料如玉米、豆粕等或饲料本身的霉变、农药中毒、药物、食盐中毒等。

(3) 其他类型的疾病。由于饲养管理不善引起，如啄癖症、应激综合症等。

(二) 畜禽疾病的预防

为了使畜禽防制工作与养殖业的快速发展相适应，不论是农村散养还是规模化养殖场，都必须树立“防疫第一，防重于治”的观念，建立一整套严格的卫生防疫制度，重视畜禽安全生产，是保障人们生命安全和获得更大经济效益的一项重要工作。

1. 加强饲养管理

科学的饲养管理可使畜禽发挥最佳的生产性能，并有利于增强畜禽自身的抵抗力，有利于免疫预防时产生良好的免疫反应。因此良好的饲养管理是畜禽疾病防制的重要环节之一。

(1) 饲养场地的选择。饲养场选址非常重要，一般要求地势较高，干燥平坦、背风向阳、排水方便、水源充足，水质量好。远离村庄和人们居住点、学校、河流。既要远离公路又要交通方便。既要立足于目前规模，又要考虑长远发展；既要考虑外来污染，又要考虑环境保护。饲养场要合理规范，科学布局，农村家庭院内饲养畜禽要实行圈养、舍养、笼养和栅栏养。要与生活区严格地区分开来。这样既可防止人为因素使畜禽感染传染病，也可防止人畜共患疾病感染人。一个院内只能饲喂单一品种的动物，以免畜禽之间交叉感染。

(2) 饲料的配制、保管及喂料。配制全价饲料：畜禽生长发育阶段的不同，其营养标准也不相同。应根据不同的营养需要配制营养全面的全价饲料。饲料的保管：饲料应堆放在阴凉干燥的地方。成品饲料的放置一般不超过10天。要禁止使用霉变、腐败的饲料，还要注意灭虫、灭鼠防止饲料污染。喂料标准和方法：应按畜禽营养需要供给充足的、新鲜的饲料。饲料品种及投料方式不应突然改变，必须改变时应逐渐增减和改换。

（3）饮水卫生。畜禽饮用水必须符合卫生要求。一般农村自取的河水及浅层井水需加入消毒药水后才能饮用。如用含氢消毒药水应使水中氯的含量达到3毫克/升即可。应给畜禽供给充足、清洁的饮水。饮水器具应经常清洗、消毒。最好在圈舍内安装饮水乳头自由饮水。

（4）保持畜禽圈舍适合的温度和湿度。多种幼畜禽都需要人工增加圈舍的温度。过高和过低的环境温度都会引起幼畜禽的发病甚至死亡。例如一周龄内的雏鸡所需环境温度为33～35℃，以后每周降3℃直至室温。而初生仔猪需30～32℃，7日后可从30℃逐渐降低至25℃。而湿度要求10日龄内为60%～70%，10日龄后为50%～60%，成年畜禽对温度要求虽不是很敏感，但应注意防暑降温。尽量减少环境温度对畜禽的应激。

（5）保持圈舍的清洁卫生。及时清除粪便，注意圈舍的通风和换气，避免氨、二氧化碳等有害气体诱发疾病或引起生产成绩的下降。

（6）合理的饲养密度减少应激。科学安排饲养密度，避免密度过大，畜禽拥挤必然引起生产性能下降和发生疾病。运输、免疫、环境温度突然变化等都可能引起畜禽的应激反应。如遇以上情况发生应及时给畜禽饮水中投入水溶性多种维生素或维生素C，可缓解应激情况。也可在兽医指导下投药。

2. 建立自繁自养和全进全出的饲养管理制度

防止带菌（毒）畜禽引起感染的最好方法是采取“全进

全出”的办法。在整批出售后，畜禽圈舍和饲养区经过全面彻底清扫消毒，再整批进入饲养，这样可避免不同批次畜禽之间的相互传染，也可采取分小区“全进全出”方法轮流更新，有利于消灭病原和切断传播途径。坚持自繁自养，可防止通过引进畜禽带入病原体。

3. 建立检疫制度

必须在非疫区购买，并经过产地畜禽防疫检疫机构检疫并取得检疫证明和预防注射证明，在进场前必须进行检疫和消毒并隔离饲养观察21天，经过免疫注射或驱虫，确认无病后才能进入饲养区。畜禽出场、销售或屠宰，要经过当地畜禽防疫检疫机构检疫并出具检疫证明。

4. 建立消毒制度

要重视消毒工作，畜禽饲养场和圈舍的进出口处要设置消毒池，并经常保持池内的消毒药（液）的有效浓度。还应设置紫外灯照射消毒。提倡清洁养殖，要始终保持圈舍和环境的清洁卫生，定期清扫消毒。场内的过道应铺设水泥路面，以便于冲洗消毒。对出栏后的圈舍除彻底冲洗消毒外还可用福尔马林熏蒸消毒，进下一批饲养还需空场2周以上。全场一般每周消毒1次。圈舍内畜禽每周消毒2~5次。饲养场的污水要经过3级沉淀，消毒后方可排出场外。避免污染环境。

5. 畜禽粪便污物及尸体的处理

（1）畜禽粪便的管理。每天清除畜禽圈舍内的粪便、垫草、污物。所有的粪便、垫草、污物都必须进入沼气池或集中起来密闭发酵（经生物热处理）42天后，方可还田使用。也可经烘干处理后做复合肥用。定期清除沼气池的沼渣也可还田使用。饲养区内的所有污水都必须经沉淀3次流出的澄清水再加漂白粉或氯制剂消毒后方能排出场外。

(2) 动物的尸体的处理。按照《中华人民共和国动物防疫法》(简称《动物防疫法》) 和国家有关规定。严格对病死畜禽，采取“四不一处理”措施。不准食用、不准出售、不准宰杀、不准转运，对病死动物尸体必须用焚烧、深埋、炼油、烧煮等方法进行无害化处理，以防止疾病扩散。

6. 做好灭鼠、灭虫工作

鼠类是很多人、畜疫病的传播媒介，也是某些疫病的传染源，通过鼠体上的寄生叮咬、鼠排泄物污染，鼠的机械性携带以及鼠的直接嘴咬等方式传播疫病，蚊、蝇、虻等媒介昆虫通过(如叮、咬、吸血) 或机械性方式传播多种疫病。因此灭鼠、杀虫对防治某些传染病和寄生虫病具有特别意义。

7. 建立疫情报告制度

许多畜禽传染病在流行初期传染性最强。因此早期迅速、准确地对已经发生的畜禽传染病做出正确诊断，对于及时清除传染来源，防止疫病扩散是十分重要的。因此畜禽发生疫情后，饲养人员应迅速报告场兽医进行初步的诊断。当发生为害严重、流行性和人畜共患的传染病时，特别是发生我国《动物防疫法》规定的一类传染病时，必须立即报告当地动物防疫检疫机构或乡镇畜牧兽医站。当动物医疗人员尚未到达或未作出诊断前，应将疑似传染病的动物进行隔离，专人管理。对污染的环境用具等进行消毒，尸体保留完整。对病、死动物不得解剖。

(三) 免疫接种

根据特异性免疫的原理，采用人工方法，给动物接种病毒苗、菌苗、虫苗及免疫血清等生物制品，实际上是模仿一个轻度的自然感染，使机体产生对相应病原体的抵抗力。即特异性免疫力，使易感动物转为非易感动物，从而达到保护个体乃至群体预防和控制传染病的目的。在预防传染病的诸多手段中，免疫预防接种是最经济、最方便、最有效的手段。

1. 免疫程序制定的基本原则

免疫程序是依据各种疫苗的免疫特性来确定合理的预防接种的途径、接种量、接种次数和间隔时间等。

（1）免疫方案的制订应根据本地、本场疫病流行实际情况而定，但强制性免疫病种如口蹄疫、禽流感、猪瘟等应在当地兽医行政主管部门统一安排下进行。强制性免疫病种的免疫，现我国散养户主要是春秋两季预防；平时的适时防疫，例如：猪口蹄疫、猪瘟免疫，28~35 日龄同时注射两种苗免疫后及春秋普免或补免。免疫后要配带耳标。养殖场免疫要按免疫程序免疫。

（2）幼畜禽的免疫根据母畜禽的免疫情况而定，以防母源抗体的干扰，例如猪场、鸡场、鸭场等可根据母源抗体情况而定首免时间。

（3）不同养殖场的具体免疫程序应在兽医专业技术人员指导下实施。

（4）发生疫情时，紧急接种应特别慎重。紧急接种只能免疫未发生疫病的动物。

（5）应根据不同疫苗免疫后抗体消长的情况，确定再次免疫（或称加强免疫）的时间。有条件的养殖场应监测其抗体水平而确定再次免疫时间。

（6）根据疫苗的性质，确定最佳而且可行的免疫方法。

（7）由于疫苗免疫对机体都可能出现程度不同的副反应，引起机体短时间抗体下降。一般两次疫苗免疫之间应有一定时间间隔，一般活苗至少间隔 3~5 天，灭活苗至少间隔 10 天。

（8）应考虑畜禽饲养期的长短。制定免疫程序对于种畜禽的免疫应综合考虑、系统免疫。而肉用畜禽应考虑短期的抗体保护。

(9) 即使制定了合理的免疫程序，在执行过程中还应根据当地疫病动态及畜禽健康情况进行调整。如周围场发生某种传染病的潜在威胁，或监测抗体水平低，应提前进行紧急接种。而畜禽处于发病期，应在动物康复后再行免疫。

2. 免疫接种方法

免疫接种方法分为注射免疫和非注射免疫两种。

(1) 注射免疫。一般灭活苗、类毒素疫苗需要注射免疫才有效。

注射免疫划分。

皮下注射：大部分疫苗可采用此法。

皮内注射：多数疫苗未采用此法。

肌内注射：与皮下注射相同。

静脉注射：免疫血清多用此法，马、牛、羊用颈静脉，猪用耳静脉，鸡多在翼下静脉。

(2) 非注射免疫法分为饮水、喂食、滴鼻口、气雾等，家禽用冻干苗免疫多采用此法，进行非免疫接种的注意时要注意以下几点。

饮水免疫：大群家禽免疫可用此法。饮水免疫可减少人工和应激，缺点是免疫不能保证每只都免疫到。饮水免疫要控水5~6小时视天气变化而定。热天控水时间要短。需用不含消毒药的凉水进行稀释，也可在稀释水中加适量的脱脂奶，这样效果更好。要保证疫苗在4小时饮完。

气雾免疫：分为室内气雾免疫和野外气雾免疫。

滴鼻免疫：家禽活苗的免疫多用此法。由于是逐只免疫，免疫较确切。

3. 免疫生物制品的保存、运送及分类

生物制品的保存：各类菌苗、类毒素、灭活菌（油乳剂）在2~8℃保存，防止结冻分层；弱毒活疫苗应在0℃以下保存；稀释后的弱毒疫苗应在4小时内用完；灭活苗应在当天用完。生物制品的运送：生物制品在运送时应于保存温度一致，防止活性降低。要避免直射阳光和高温，并以最快的速度送到使用地点。

生物制品的分类：疫苗分为死苗和活苗两种，“死苗”如各种油乳剂、类毒素等；“活苗”就是活的弱毒疫苗，例如，各种冻干苗。

4. 免疫接种的注意事项

接种人员须穿工作服、鞋。作好自身防护，工作中禁止吸烟、吃食，工作完后洗手消毒。每个畜禽用一根消毒后的针头。用过的器械要煮沸消毒15分钟。用无菌的方法，配制和吸取免疫疫苗。免疫剂瓶塞上应固定一个灭菌针头，每次吸液都用这针，用后用消毒棉球盖住。针筒排气溢出的注射液，应吸于酒精棉球上和未用完的生物制品及盛装的瓶，均应集中消毒处理，严禁随地丢弃。工作完后，在接种场地应清点器械，特别是针头不能丢弃在饲草、饲具内，否则会造成严重的后果。接种前应仔细查阅疫苗使用说明与瓶签是否相同，如有差异严禁使用。使用前，应了解药品的生产日期、失效期、储运方法及时间。必须用农业部批准生产的疫苗。各种生物制品储运和保存温度均应符合说明书要求。冻干活疫苗（稀释后）、灭活疫苗接种时均应充分摇匀并恢复至常温后才开始接种。有的动物（特别是良种猪、纯种猪）疫苗接种反应较大，有的疫苗接种后可能引起过敏反应。应泼凉水、扎人中，也可立即用肾上腺素等药物脱敏、抢救。不同品种和不同剂型的疫苗接种方法不同，免疫效果也不同，应遵照生产厂家使用说明。免疫后要配带免疫标识，做好免疫档案登记。

(四) 消毒

疫病的防制是一个系统工程，加强日常管理予以控制传染性疾病的预防应从传染病流行的三个环节入手。建立生物安全体系。疫苗接种是疫病防制的主要手段，但加强消毒、隔离、淘汰病死畜的无害化处理，也是防制疫病的重要措施。只有疫苗接种和环境控制相结合才是疫病防制的关键。疫苗接种也需要在良好的环境才能起到好的作用。

1. 消毒的目的

用物理、化学及生物学等不同方法消灭被传染源散播于外界环境的病原体，以切断传播途径，防止传染病蔓延。

2. 消毒的种类

(1) 根据消毒目的的不同划分。

预防性消毒：对圈舍、环境定期进行消毒。

临时消毒（随时消毒）：在发生传染病时为了及时消灭刚从发病动物体体内排出的病原体而采取的消毒措施。

终末消毒：在患病动物解除隔离痊愈或死亡后，以及在解除封锁之前，为了消灭疫区内可能残留的病原体所进行的全面彻底的大消毒。

(2) 根据消毒方法的不同划分。

机械消除：清扫、冲洗。

物理消毒：阳光、高温、煮沸、紫外线、火焰烧灼。

化学消毒：用化学药品即常用的消毒药品消毒。

3. 常用消毒剂及使用方法

消毒药使用原则：所有消毒的都应按使用说明书要求的尝试进行配制消毒。不同类型的消毒药要交替使用，在同一场所使用用时间不超过 2 周。消毒时消毒物体表面的有机质如污物、粪便一方面起着保护病原体的作用，使消毒药不能直接接触到病原体，另一方面也可与消毒物发生化学反应，从而降低消毒效果。因而消毒前应将环境中的有机物、杂物彻底消除掉。消毒顺序是：移出可移动的全部设备、物体→除粪清扫→高压水冲洗→干燥→消毒液喷洒→干燥→再消毒→移入经彻底清洁消毒后设备→气体熏蒸消毒。

4. 常用消毒药的配制及使用方法

烧碱：又名氢氧化钠、苛性钠。本品对细菌、病毒有强大的杀灭力，但有腐蚀性，对皮肤、黏膜有刺激性，对金属、纤维织物有腐蚀作用。一般用于运输工具、车辆及消毒池脚踏消毒等。常用 2%~4%浓度。

石灰水：先用新鲜生石灰（氧化钠）1 份加水 1 份，制成熟石灰（氢氧化钠），然后用水配成 10%~20%的混悬液。其乳剂或澄清液均可杀灭细菌和病毒。可用于地面、沟渠、墙壁、消毒池、用具、车辆、粪便等的消毒。

漂白粉：杀菌能力决定于其有效氯含量，市售漂白粉一般含有效氯 25%~35%。易分解，应密闭保存。饮水消毒时每立方米水体加 6~10 克，搅匀后放置 30 分钟才可饮用。饲槽、饮水槽及其他非金属用具的消毒用 1%~3%的浓度。禽舍和排泄物消毒用 10%~20%浓度。

福尔马林：含 37%~40%甲醛的水溶液，有强杀菌力。可再配成 2%~4%的水溶液，对墙壁、地面、用具、饲槽等喷洒消毒。福尔马林主要用于禽舍、孵化器、种蛋等的熏蒸消毒。一般每立方米空间用福尔马林 25 毫升、高锰酸钾 12.5 克，再加水 2 毫升。

高锰酸钾：为强氧化剂，0.1%浓度可杀死多数繁殖型细菌。生产中主要用 0.1%溶液进行饮水消毒，熏蒸时利用高锰酸钾的氧化性能加速福尔马林蒸发。

优氯净（二氯异氰尿酸钠）：含有效氯60%~64%。对细菌、病毒、真菌孢子、细菌芽孢都有较强的杀灭作用。饮水消毒时，每升水用4毫克，作用30分钟。用于杀灭器具上的细菌、病毒时用0.5%~1%浓度，用于杀灭细菌芽孢时用5%~10%浓度。

新洁尔灭、洗必泰、消毒宁（度米芬）、消毒净：均为季铵盐类阳离子表面活性消毒剂。新洁尔灭为胶状液体，其余为粉剂，均易溶于水，毒性低，性质稳定，可长期保存，无腐蚀性，杀菌力强，消毒对象广。0.1%浓度用于手洗涤消毒。0.15%~2%浓度用于禽舍喷雾消毒。

（1）粪便、饲料的消毒。

焚烧法：此法是消灭一切病原微生物最彻底、最有效的方法。常用此法消毒最危险的病原体。

化学药品消毒法：实践中不常用。

生物热消毒法：发酵池法、堆粪法。一般密闭堆放42天后可作肥料。

（2）污水的消毒。有沉淀法、过滤法、微生物发酵法及化学药物处理法，消毒药品用量一般为每升污水用2~5克漂白粉。经沉淀、过滤后排出污水管道。

三、规模化、集约化饲养的标准化生产

1. 地址选择

养殖小区应建在地势平坦干燥、背风向阳和村庄的下风向，且未被污染和没有发生过任何传染病的地方。

养殖小区应距铁路、公路、城镇、居民区、学校、医院等公共场所500米以上。

距离其他畜禽养殖场或养殖小区500米以上。

距屠宰场、畜产品加工厂、垃圾及污水处理场所、风景旅游以及水源保护区 2 000 米以上。

养殖小区在公共设施方面要求“三通”，即水通、电通、路通，达到用电保证，道路便利，水源充足且水质符合养殖要求。

2. 规划布局

畜禽养殖小区建设应符合动物防疫条件。

养殖小区整体建筑布局要科学合理。分管理区、生产区、废弃物及无害化处理区三大部分，奶牛养殖小区还应建立单独的挤奶厅。管理区、挤奶厅和生产区应处在上风向，废弃物处理区应处于下风向。

管理区包括：值班室、消毒室、办公室和技术服务室。小区大门口要设置消毒池，大门口消毒室要安装喷雾消毒设施或紫外线消毒灯。

生产区包括：兽医室、畜禽舍、料库和饲养员住室。奶牛生产还应设有运动场和青贮池，运动场大小为头均 15~20 平方米，青贮池大小为头均具有 15~18 立方米，可建设全地上和半地下式两种。

奶牛养殖小区挤奶厅建设规模要与设计存栏奶牛规模相适应，并配备符合挤奶卫生要求的自动挤奶设备及相应的冷藏罐等设备、设施，并便于卫生清理及奶牛的进出。

废弃物及无害化处理区包括：病畜禽隔离室、病死畜禽无害化处理间和粪污无害化处理（沼气池、粪便堆积发酵池等）。距生产区的距离 50~100 米，用围墙和绿化带隔开。

小区内净道和污道要严格分开。人员、畜禽和物资运转应采取单一流向。净道主要用于畜禽周转、饲养员行走和运料等。污道主要用于粪便等废弃物出场。

畜舍要有利于光照、通风和换气。舍内地面和墙壁应便于耐酸、碱等消毒药液的清洗和消毒。奶牛舍地面应坚硬防滑、墙壁应选适宜材料，便于彻底清洗消毒。运动场地面应为沙土地，有一定坡度，四周有排水沟，场内有荫棚和饮水槽、矿物质补饲槽，运动场应保持干燥、清洁。

养殖小区以围墙或防疫沟与外界隔离，小区周围要设绿化隔离带，舍周围可种植藤本或攀缘植物。

养殖小区应设有相应的消毒设施、更衣室，服务室或兽医室内应有相关的检验、诊断等仪器设备。

3. 饲养管理品种引进要求

坚持自繁自养的原则，需要引进种畜禽时，应从具有《种畜禽生产经营许可证》的种畜禽场或专业孵化厂引进，且有系谱、合格证等。

引进畜禽前应调查产地是否为非疫区，经检疫健康并有产地检疫合格证明。

引进的种畜禽，应隔离观察 30 天，经兽医检查确定为健康合格后，方可供生产使用。只进行育肥的农户，引进畜禽时，应首先从达到无公害产地认定标准的养殖场引进。

4. 日常管理

畜禽舍内的温度、湿度、气流（风速）和光照应满足畜禽不同饲养阶段的需求，饲养密度要适宜，保证畜禽有充足的躺卧空间，以降低畜（禽）群发生疾病的机会。

小区养殖推广全进全出；畜禽舍要有防鼠、防虫、防蝇等设施。

饲养员要穿工作服，并固定饲养员和各项工作程序。

做好畜禽的防暑降温，畜禽舍可采用纵向通风或水帘降温。

每天打扫畜禽舍卫生，保持料槽、水槽用具干净，地面清洁。经常检查饮水设备，观察畜群健康状态。

饲料要满足畜禽的营养需要，防止饲料污染腐败。在换料时要有适当的过渡适应期。

5. 饲料、饲料添加剂的使用要求

（1）使用饲料应符合有关规定标准，并按照不同畜禽的不同生产阶段配比不同的饲料成分，奶牛、肉牛同时要注意搭配青贮、块根类饲料及青草。

（2）饲料中使用的营养性饲料添加剂和一般性饲料添加剂，应是中华人民共和国农业部公布的《允许使用的饲料添加剂品种目录》所规定的品种和取得试生产产品批准文号的新饲料添加剂品种。

（3）饲料添加剂产品应是具有农业部颁发的《饲料添加剂生产许可证》的正规企业生产的、具有产品批准文号的产品，并按照饲料标签所规定的用法和用量使用。

（4）严禁使用国家禁用的添加剂，饲料中不应直接添加兽药。

（5）不使用变质、霉败、生虫或被污染的饲料。

第八节　水产养殖业标准化

规模化养殖从数量角度而言，是指从事畜牧水产业生产的业主按照大生产格局，适当集中土地（水域）、资金、劳力等生产要素，形成较大的生产规模，为社会提供较大批量的产品，获得较好的经济效益。具体说，企业或个人的养殖要有一定数量，在区域布局上要形成产业带；畜牧水产产业经济发展要达到一定规模，其产值占农业总产值的比例较高，养殖规模化程度达到70%以上。标准化健康养殖主要针对养殖质量而言，内容包括多方面。如养殖场的规划、选址、设计、建设以及饲养管理、粪便污水处理、卫生防疫等要符合国家标准、规范，生产过程要严格按照标准、规程进行；水产畜牧业发展要注重环境保护和生态建设，要与种植业有机结合起来，互相促进，走生产发展、生态良好的可持续发展道路；畜产品、水产品要符合国家质量安全标准，确保食用安全。

一、健康养殖标准化

1. 环境条件

（1）场址选择。标准化水产养殖场应选择在取水口上游3千米内无污染源、水源充足、生态环境良好的区域，并具备进排水方便、交通便利、电力配套等条件。

（2）水质条件。

①水源：淡水水源的水质应符合无公害食品淡水养殖用水；海水水源的水质应符合无公害食品海水养殖用水。

②池（塘）水：

淡水：水质应符合水产品池塘养殖技术规范的养殖水质安全指标（表3-1）和养殖水质管理指标（表3-2）。

表3-1 养殖水质安全指标

项目	标准值/（$mg \cdot L^{-1}$）
镉	≤0.001
铅	≤0.01
铬	≤0.1
铜	≤0.01
锌	≤0.1
汞	≤0.0005
砷	≤0.05

（续表）

项目	标准值/（mg·L^{-1}）
氟化物	≤1
石油类	≤0.05
挥发性酚	≤0.005
甲基对硫磷	≤0.0005
马拉硫磷	≤0.005
乐果	≤0.1
六六六（丙体）	≤0.002
滴滴涕	≤0.001

表 3-2　养殖水质管理指标

项目	标准值
色、臭、味	不得使养殖水体带有异色、异臭、异味
总大肠菌群	≤5 000（个·L^{-1}）
透明度	25~40（cm）
pH 值	6.5~8.5
溶解氧	≥4（mg·L^{-1}）
非离子氨	≤0.02（mg·L^{-1}）
亚硝酸盐（以 N 计）	≤0.15（mg·L^{-1}）
硝酸盐（以 N 计）	≤5（mg·L^{-1}）
活性磷酸盐（以 P 计）	≤0.10（mg·L^{-1}）
高锰酸盐指数	≤10（mg·L^{-1}）
生化需氧量（5d、20℃）	≤5（mg·L^{-1}）
游离性余氯	≤0.01（mg·L^{-1}）

海水：水质应符合无公害食品海水养殖用水。

③养殖排放水：

淡水：应符合淡水池塘养殖水排放要求。

海水：应符合海水养殖水排放要求。

④生活污水：

生活污水应经处理后才能排放，排放水应符合相关标准。

注：在国家关于养殖排放水排放标准发布前，暂执行污水综合排放标准。

2. 标准化水产养殖场规模和基本建设内容

（1）规模。标准化生态型水产养殖场连片总面积应在300亩*以上，养殖水面的面积应在200亩以上。

标准化水产健康养殖场连片总面积应在100亩以上，其中，养殖生产水面面积不低于65%。

（2）大门。标准化生态型水产养殖场的大门要宽敞，标牌应醒目。大门旁设有传达室。大门内的主干道旁应竖立标准化生态型水产养殖场平面示意图，标明场内布局及各池塘编号。

标准化水产健康养殖场的主入口处应设有统一的标志，并设有平面示意图，标明场内布局及各池塘编号。

（3）道路。标准化生态型水产养殖场的主干道宽5~7米，白色路面净宽4米以上。主干道应配置路灯。

标准化水产健康养殖场的主干道宽应不低于4米，并配置必要的照明设施。

（4）电力配置。标准化生态型水产养殖场内铺设地下电缆。配电设施符合电力配置标准。

标准化水产健康养殖场配电设施应符合相关标准。

（5）建筑。标准化生态型水产养殖场建筑包括一楼两库三室，占地面积不超过养殖场土地面积的0.5%。建筑物的外观基础色调为灰墙蓝顶。

①办公楼：办公楼为标准化生态型水产养殖场的主楼，主楼内设置管理、技术、财务、接待及值班等功能的办公室。在

* 1亩≈667米^2，1公顷=15亩。全书同

主楼门厅内侧应设置介绍标准化生态型水产养殖场总体情况的宣传窗（栏）。

②饲料仓库和药品仓库：分别配有存放饲料和药品的专用仓库。

③值班室：设立值班室，供养殖值班人员专用。

④档案室：配备生产管理档案室，用于保存相关的生产和技术档案资料。

⑤水质分析与病害防治实验室：实验室配置可进行常规养殖水质分析和鱼病检测所需要的相关仪器、设备。

例如，标准化水产健康养殖场的建筑，养殖场应具有值班、档案、水质分析、病害防治及储存饲料、药品、工具等的条件和房舍。房舍的外观基础色调为灰墙蓝顶。

（6）绿化。标准化生态型水产养殖场的办公楼周边、主干道两侧和养殖场周边等区域配套相应的绿地。陆地绿化率应在10%以上。

标准化水产健康养殖场的办公场所周边、主干道两侧和养殖场周边等区域配套相应的绿地。陆地绿化率应在5%以上。

3. 养殖设施

（1）池塘。池塘宜东西向，长宽之比为（2：1）~（3：2）。池底平坦，略向排水口倾斜。塘埂坡比宜为（1：2.5）~（1：3），可根据其土质状况及护坡工艺作适当调整。池塘有效水深达到1.5米以上。

（2）进、排水。养殖场应构建与池塘相配套的进、排水系统。进水口位于排水口上游，并远离排水口；养殖水应经人工湿地处理，达标排放，并实现35%以上的养殖排放水体循环再利用。

（3）护坡。池塘进排水等易受水流冲击的部位应采取护坡措施，护坡的形式宜采用混凝土。

(4) 人工湿地。标准化生态型水产养殖场应建造用于净化养殖水体的人工湿地，面积不小于养殖水面的10%。

标准化水产健康养殖场应设有不低于总面积5%的人工湿地，用于养殖排放水的净化处理。

(5) 节能型池塘温室。标准化生态型水产养殖场可根据需要建造钢缆、塑膜、钢管结构的节能型池塘温室。

4. 人员和管理

(1) 人员。标准化生态型水产养殖场主要负责人应具有5年以上水产养殖及管理的经验，并持有渔业行业职业技能培训高级证书；主要技术人员3~4名，应持有渔业行业职业技能培训中级证书；养殖工若干名，应持有渔业行业职业技能培训初级证书。

标准化水产健康养殖场主要负责人应具有4年以上水产养殖及管理的经验，并持有渔业行业职业技能培训中级以上证书。

(2) 管理。

①技术要求：水产养殖应符合水产品池塘养殖技术规范；配合饲料的安全卫生指标应符合渔用配合饲料安全限量的规定；鲜活饲料应新鲜、无病症、无污染；药物使用应符合渔用药物使用准则的要求。

②生产档案：标准化生态型水产养殖场应建立生产档案，存档记录应包括生产日志，生产、销售情况以及病害、用药、水质检测等原始记录。

二、疾病防治标准化

近年来，我国水产养殖业发展很快，渔业生产发生了根本性的变化，并完成了由传统渔业向现代渔业的转变，为促进大农业的发展和广大农民脱贫致富做出了巨大贡献。然而，在渔业经济迅速发展的同时却忽略了对养殖水域生态平衡和环境保护，致使水产养殖业在发展过程中不断受到环境污染、病害因素的困扰和制约，渔业可持续发展的基础遭到了严重的破坏。同时，由于渔业水域环境受到污染以及渔用药物的滥用、饲料中滥添加药物及激素，导致水产品中有毒有害物质和药物残留超标的现象非常严重，由此引起的水产品中毒和水产品贸易争议事件时有发生。

疾病就是其中突出的问题之一。随着养殖面积逐年增加，单位面积放养密度不断增大，集约化程度不断提高，疾病的发生和为害随之日趋严重。由此可见，加强疾病防治标准化工作，对提高苗种成活率，促进养殖稳产、高产、优质、高效有着十分重要的意义。

疾病防治标准化应本着以防为主、治为辅，防治结合，健康养殖的方向。

（一）疾病发生的原因和条件

疾病的发生是由于外界环境的各种致病因素的作用和机体自身反应特性这两方面在一定条件下相互作用的结果。

致病的原因很多，但归纳起来主要有三个因素：病原因素；机体内在因素；外界环境因素。三者之间的关系是密切相关而又能截然分开的。正确认识疾病发生的原因和条件，可以帮助我们理解疾病的本质，以及拟定对疾病有效的治疗方法和预防措施。

1. 病原因素

大致可分为生物及非生物二大类。

（1）由生物引起的疾病。又可分为寄生性和非寄生性二大类。

①寄生性：如由微生物引起的病毒病、细菌病、真菌疾和

藻病，以及寄生虫引起的原虫、蠕虫病、蛭病、软体动物病和甲壳动物病。

②非寄生性：如由藻类引起的中毒等。

（2）由非生物引起的疾病。由非生物引起的疾病大致可分为：机械损伤，如捕捞、操作不慎引起外伤；物理性刺激，如温度过高或温度过低；化学性刺激，如工业污水、农药引起中毒，以及缺乏机体所必须的物质或条件所引起的泛池、营养缺乏病等。

2. 机体自身因素

外界环境中有许多因素不断地作用于机体。溶解氧不足、水温剧变和有毒有害物质氨氮、亚硝酸盐、硫化氢等由于强度过大或由于作用时间过长或对机体不利，都能引起机体生病。寄主对寄生性病原有一系列的抵抗作用。正常的机体有外壳，如鱼类则披有鳞片，以及皮肤和黏液，这些都具有保护机体的功能。机体因种类、年龄、性别、健康等不同，其抗病力也不同。

3. 外界环境条件

疾病的发生不仅要有一定的原因，而且还需要适宜的条件。外界环境是疾病产生的重要因素之一。它包括水温、水质、饲养管理等。

（1）水温。水温是影响养殖生物体生命活动的重要因素。水温过高，有机物的分解与生物呼吸作用旺盛，水中溶氧随之减少，可使鱼、虾类发生缺氧病，超出一定范围时还可致死。水温变化，影响鱼体和病原体的生理变化，严重时会引起季节性流行病的发生。一般而言，在夏秋季节，由于水温增高，寄生虫的种类及数量增加，反之在春冬季，寄生虫数量减少。

（2）水质。养殖池水中有机质过多，微生物分解旺盛，耗氧过大以及微生物分解时产生的硫化氢等有害气体聚集，水质受到污染等，均不利于鱼、虾、蟹、贝的生长。例如，对虾生活在不良水质中摄食量下降，甚至停止摄食，从而影响对虾的生长，水质严重恶化时还会造成对虾窒息死亡。同时，不良的水质又可助长寄生虫、细菌的大量繁殖，导致疾病的发生和蔓延。

（3）饲养管理。投喂不清洁或变质的饲料以及没有及时将剩余的残饵清除掉，易使水质变坏，引起疾病发生。

当养殖生物患病时，未及时治疗，及时将死亡物捞出；排灌水时，使患病池塘的水流经其他养殖池中，都将导致疾病进一步蔓延。池塘未清整消毒、放养过密等，都很容易感染上疾病。

（二）疾病的预防

疾病预防工作是搞好养殖生产的重要措施之一。生活在水中的鱼、虾、蟹一旦生病，要及时和正确地诊断就比较困难，治疗也较麻烦。使用内服药治疗时，一般只能由鱼、虾等主动摄入，而当疾病较严重时，它们已失去食欲，难以收效。因此，要“未病先防”来控制疾病的发生，减少损失。在预防措施上，既要注意消灭病原，切断传染与侵袭途径；又要提高机体的抗病力，采取综合的预防措施和健康养殖方法，才能达到预期的防病效果。

1. 加强饲养管理

疾病和饲养管理方法有互相制约的关系，实践证明，凡是加强科学饲养管理的养殖单位，疾病的发生和流行都能得到较好的控制。因此，设法用科学技术进行管养，发挥养殖生物体内在作用，提高抗病能力是预防疾病的根本措施之一。

（1）确定有技术专管人员。俗话说：“三分养七分管”，养殖生产搞得好坏，首先与管理人员有很大关系，如放养，投饲、巡塘、防病、排灌水等日常管理工作，只有确定专人负责，采取科学管理方法，才能把饲养工作做好。

(2) 四定投饵。所谓“四定”就是定质、定量、定位、定时。但不能把“四定”机械地理解为固定不变，而是应根据季节、气候、生长情况以及环境和水制的变化等而灵活调整。

(3) 加强日常管理。管理人员应该勤检查池塘，经常注意鱼、虾动态，及时发现病情，及时进行处理，防止疾病的发展和蔓延，要经常测量水温、pH 值、溶解氧和比重，因这些都是影响虾类生长的重要因素；保持和调控池塘水质的优良与稳定，定期消毒水体和食场，定期投喂药饵和维生素，增强体质等是防止疾病发生与蔓延的最好措施。

2. 控制和消灭病原

任何疾病的发生，一定有病原存在。因此预防疾病必须从控制和消灭病原着手。

(1) 清池与除害。清池除害是一条改善池塘环境条件，清除敌害、消灭病原体的有效措施。

药物清塘是除去和消灭病原的重要措施之一。常用的清塘药物及方法如表 3-3 所示。目前多使用漂白粉和石灰，来源方便，价格适宜，毒谱全面，效果较好。

表 3-3　几种常用清池药物的性能和使用方法

药物名称	毒谱	药物消失时间 /d	使用浓度 $/10^{-6}$	使用方法	备注
生石灰	鱼类、甲壳类、苗菌、藻类	10	350~500	水中化开呈浆状，不待完全冷却即行泼洒。也可干撒	可调节 pH 值，改善池底环境

（续表）

药物名称	毒谱	药物消失时间/d	使用浓度/10^{-6}	使用方法	备注
茶子饼	鱼类、贝类	2~3	15~20	粉碎后用水浸泡1~2d，稀释泼洒	价廉，残渣可肥池
漂白粉	鱼类、甲壳类、细菌、藻类	1	50~100	先用水调成糊状，再加水稀释泼洒	避免使用金属器皿
敌百虫	甲壳类、细菌	10	2~2.5	溶于水后泼洒	杀除白虾等杂虾类
鱼藤精	鱼类	2~3	2~3	淡水混合搅匀后泼洒	杀除鱼类

（2）机体消毒。鱼苗、虾苗机体上，总难免带有一些病原体，因此，在苗种放养前都应进行机体消毒，以预防疾病的发生，是提高养殖鱼类成活率的有效措施。下面介绍生产上常用的几种消毒药液的配制与作用。

①漂白粉药液：按每100千克水用漂白粉1克的用量配制而成。在水温15~28℃时，浸洗鱼体15~30分钟，可杀死鱼体上的致病菌，对预防细菌性病有较好的作用。

②硫酸铜药液：按0.8克硫酸铜溶于100千克水的用量配制。在水温15~28℃，浸洗鱼体20~30分钟，可杀死鳃隐鞭虫、车轮虫、斜管虫等多种寄生虫，对预防寄生虫有良好的作用。

③高锰酸钾药液：按1克高锰酸钾溶于50千克清水的用量配制。在水温15~28℃时，浸洗鱼体20~30分钟，可杀死三代虫、指环虫、车轮虫、斜管虫等，对预防锚头鳋病也有效。

④敌百虫药液：每 100 千克清水加入 90%的晶体敌百虫 50 克。一般浸洗鱼体 5~15 分钟，可杀死三代虫、指环虫、鱼鲺、锚头鳋。

⑤漂白粉、硫酸铜混合药液：按 100 千克清水用漂白粉 1 克、硫酸铜 0.8 克的用量，先将两种药物分别溶解，使用时再将两种药物液混合。在 10~15℃水温时，浸洗鱼体 20~30 分钟，对预防细菌性鱼病和寄生虫引起的鱼病均有一定的效果。

（3）饵料、工具、食场消毒。病原体往往能随饵料带入水中，因此投喂的饵料最好能经过消毒或在饲料中拌入少量金霉素或土霉素（按饲料量 3%~5%之比例混合），可起抑菌消毒作用。

在发病池塘使用过的工具，应在盛有 0.001%浓度的硫酸铜的溶器中浸洗 5 分钟以上，进行消毒。大型工具每次用完晒干后再用。

疾病的种类主要有：病毒病、细菌病、真菌病、固着类纤毛虫病、寄生虫病、营养性疾病等。

3. 鱼类常见的疾病及其防治方法（表 3-4）

表 3-4　常见鱼病及其防治

疾病名称	流行季节与条件	症状	防治方法
车轮虫	初冬期和初春、初夏、阴天多雨天气易发病，主要为害苗种	寄生于鱼的鳃、皮肤，鳃上黏液增多，局部发白，鳃丝肿胀	①硫酸铜、硫酸亚铁（5∶2）合剂全池泼洒，每立方米水体 0.7g ②车轮虫杀灭（按说明使用）
小瓜虫	水温低于 18℃，主要为害鱼种	肉眼可见病鱼的体表、鳍条和鳃上布满白色胞囊	①辣椒粉和鲜生姜，每立方米水体各用 4g 混合煮沸后全池泼洒，连用 3d ②福尔马林，每立方米水体用 50~150g 全池泼洒

（续表）

疾病名称	流行季节与条件	症状	防治方法
水霉病	早春冬季，为害任何一个生长阶段	病鱼伤处灰白色，有棉絮状菌丝，病鱼体表发黑，焦躁不安	①低温操作时避免鱼体损伤 ②水霉净全池泼洒（按说明使用） ③每立方米水体用五倍子 2g 煎汁全池泼洒
爱德华氏菌病	高温天气放养密度过大，水质老化。主要感染 200g 以上的鱼	体色变黑，腹部膨胀，肛门发红，眼球突出，腹腔积水，肝、脾、肾有白色小颗粒，有腐臭味	①改善池塘水质，控制放养密度 ②水体消毒：漂白粉（含氯 30%）每立方米水体 1g 全池泼洒，连用 3d ③每千克鱼体用 10mg 氟苯尼考拌料投喂，连用 7d
假单胞菌病	低温天气水质恶化，为害 200g 以上的鱼	眼球突出或混浊发白，腹部膨胀，有腹水，鳔腔内有土黄色浓液贮积	①注意调节水质水体消毒：漂白粉（含氯 30%）每立方米水体 1g 全池泼洒 ②每千克鱼体用 10mg 氟苯尼考拌料投喂，连用 7d
细菌综合病	夏秋季节（由荧光假单胞菌、爱德华氏菌和链球菌三种细菌综合引起）	眼球突出，眼珠混浊发白，鳃盖或鳃盖内侧充血，鳍条基部充血腐烂，肠道充血，腹腔有积水，肝、肾充血肿大	①用含氯消毒剂消毒池水（按说明使用） ②氟苯尼考，每千克鱼体用 10～15mg，每天 1 次，连用 3～5d

4. 鱼病的检查与用药量计算

（1）病鱼的检查。鱼发病的特征主要表现为病鱼离群、摄食减少、体色变化等。其疾病的诊断办法有肉眼与显微镜诊断。不论采取哪种方法，所取病鱼样品应是未死亡或刚死不久新鲜的病鱼。

①肉眼诊断：是诊断鱼病的主要方法之一。用肉眼检查患病鱼的体表，查看鳃盖内部鳃丝颜色变化与黏液的症状或是否有肉眼可见的病原体；解剖鱼体，观察肠道、肝、胆、肾等内脏器官，综合分析，判断出疾病种类，进而采取对应措施。有时一种病原同时表现出几种症状或几种病原表现为一种症状，因此肉眼检查应由经验丰富的专业人员操作。

②显微镜诊断：在肉眼无法正确诊断或症状不明显时，需要用显微镜作进一步检查。主要检查鱼的体表、鳃丝、肠道，方法是从病变部位取少量组织或黏液置于载玻片上（通常是体表、鳃丝组织或内脏的肝、胆、肾等部分），加少量水（内脏用生理盐水），盖上盖玻片，置于显微镜载物台，从低倍到高倍观察。

通过对发病水体和周围环境条件的了解以及病原体的检查情况综合分析，对疾病做出正确诊断。

（2）用药的计算。

①浸洗或池遍洒用药量计算：主要由用药的浓度和池水量决定。一般用药浓度以克/立方米计算，1 立方米水体里加入 1 克的药即为 1 克/立方米。将水的总量乘以药物的浓度，即为总用药量。

如一病鱼池水体积为 1 000 立方米，泼洒硫酸铜和硫酸亚铁合剂，欲使池水药物浓度为每立方水体 0. 7 克，两种药物之比为 5∶2，则硫酸铜的用量为 1 000×0. 5＝500 克，硫酸亚铁的用量为 1 000×0. 2＝200 克。

②内服药量计算：一般以每千克鱼，每天用药量多少计算，但在计算时应将池内食性相同的鱼总重量乘以每千克鱼的用药量，才能达到治疗效果。

第四章　农业社会化服务标准化

第一节　农业社会化服务

本节的关键词是“服务”和“社会化”。说到底，人类社会的高级阶段就是彼此间的服务与生产重复，以及在此基础之上的小部分创新。农业是一个复杂的巨系统，又是一个开放的生物再生系统，农业与自然、科技、人文、市场、消费等均有着直接的联系。那么，从事农业这一事业的过程，必然存在着大量不同类型的服务与被服务的生产关系。农业社会化服务的本质就在服务上。本章主要阐述农业社会化服务的基本概念、内容和架构，比较了国内外农业社会化服务标准化的差距及值得汲取的经验，为农业的社会化服务标准化论述奠定基础。

一、开展农业社会化服务的理由

开展农业社会化服务，从形式上看是为了将小农规模放大，组织建设成规模较大的经济组织，面向市场并应对市场变化，使农民收益得到保障且能够持续增长，实质上为提质中国农业，真正走向市场，形成发展的内在动力机制，打造参与国际竞争的强大资质，构成农业现代化发展的稳定基础和持续保障。因此，开展农业社会化服务的使命是重大的。

（一）农业发展的必然结果

国际农业发展的经验表明，农业社会化服务体系，是人类对农业的探索不断深化、操作不断精细化的需要，是农业分工不断深化、彻底走向专业化的必然结果，也是推动农业可持续发展的必然要求。

在我国农业历史中，以弱小农户经营的方式一直占主要地位，其封闭性明显，远离市场。改革开放几十年，农业需要面向市场，经济体系和经济杠杆的介入成为必然，规模经营的要求也成为本质，所以，农业的社会化服务，自然就要出现。同时，农业发展水平需要迅速提高，客观上更需要完善的和高水平的农业社会化服务体系。有了强大的社会化服务体系支持农业，提高农业系统经营的组织化水平与程度，开启小规模农业走向现代化之门就水到渠成了。

（二）面向农户的多层服务

相比于公司经营方式，建立在家庭经营基础之上的社会分工模式更适合我国国情。这是因为，我国农业劳动力缺乏转移空间，农业生产企业化并不能改变这一事实，相反，家庭经营有效地解决农业生产中的监督困难，其所蕴含的独特土地功能也成为我国改革发展最大的保障机制。因此，家庭农场是我国目前农业转型中的一个重要的农业经营方式。解决家庭经营问题的关键，是为其提供完善的农业社会化服务体系，而不是贸然去改变家庭经营内在的内容。所以，开展农业社会化服务，仍然要以农户为基本着眼点，以家庭农场对象，进一步以农业专业合作社为主要工作目标，再施以开放的和发展的眼光，开展全面而细致的多层化、多功能服务。

（三）快速推动规模化形成

建立和发展农业社会化服务体系，实施农业社会化服务，对推进规模化更具普遍性、更有快速发展的潜力。相比于农业生产规模的制约，农业服务规模不受人地关系和农地制度等强约束条件的制约。这就使得原有的小户经营不能适应服务的要求，想获得服务又够不上规格，反而会促进其更好的协作甚至实质性的合作。例如，农机跨区作业，不但创造了一种大区社会化服务模式，还告诉那些面积太少的农户，如果再不集约连片，下次服务就可能无法得到。农机跨区作业，使农机作业规模、生产集约化达到发达国家水平，更为重要的是，将过去分散的单户农机具通过放大服务空间而组织起来，形成集团化运作，建立了市场声势、效应和经济利润空间。又如，促进合作主导的产业化经营，强化农民在产业化过程中的谈判能力和形成对“企业控制产业”制衡机制等。这都是促进规模化形成的很好例证。

（四）丰富农业适度规模理论

规模，一般指事物在一定空间范围内量的聚集程度。用生产规模与单位产品平均成本的关系来衡量农业经济的单位规模，有这样一个规律，即随着生产规模的扩大，单位产品平均成本不断下降，但下降到某一点时，成本又开始上升。显然，那个拐点，就到了规模膨胀的极限。从生产的社会化视角切入，可以消除人们认识上的误区。农业规模经营，要从专业化分工、多环节联系、多要素综合的途径来判别和实现，而绝不只在集中土地、扩张规模的单层面上。更为重要的是，从注重农业“量”的延展，到“质”的内涵提升，便更大限度地拓展了农业的多功能特色，延长了农业的产业链，提升了农业价值链，加快了农业由单一扁平型向立体复合型的迅速转化。这是社会分工不断细化的内在逻辑，也是应对农业发展竞争的现实需要。例如，日本的东北大学经济学者研究，日本农户经营的土地规模在120~150亩水平上，是单户土地经营的最佳状态，再小或者再大，都影响农户经济效益提高，我国也有学者研究认为我国农户经营的土地规模为125亩左右为宜。

（五）催生农业经营体系变革

从上述四点可以看出，农业社会化服务体系，隐含着农业经营体制的重大变革。农户仍然是农业生产主体，但“统”的功能由社会化服务组织替代，从而构建一个不断成长的发散性统一经营层次，来回应农业兼业化、副业化的挑战。更为重要的是，通过农业社会化服务的介入与水平的不断提高，将彻底地改变以往那种“农民”概念的内涵——农民不再是永久身份农民，也不再只是生产的操作者，而将很快成为一个区域（如农场、饲养场、园艺场）的管理者、专业服务者、农产品市场策划者或者享受服务的受用者——从群体职业看，农民成为完全的多业化群体，而从个体看，则完全会变成为专业化工作者。

二、农业社会化服务的内容与架构

（一）农业社会化服务的主要内容

农业社会化服务体系所涵盖的范围非常广泛，内容十分丰富，包括了农业的全过程，并且也涉及农业范围之外的相关边界。

从服务内容看，有政策、土地、水电路、信息、决策、资金、标准、劳务、作业、农资购买、良种推广、动植物疫病防疫、农业气象、农产品价格、质量安全、农产品存贮销售、风险规避等；从服务环节看，包括农业产前服务、产中服务、产后服务；从操纵的主体看，涉及服务的提供者和接受者；从体系涉及的类型看，有农业生产服务（农资、技术方法）、农业基础设施服务、农产品收获贮藏加工服务、农村经营管理服务、商品流通服务、金融服务、信息服务、质量安全服务、文化教育服务 9 大体系。服务又存在着传递性、共有性和影响性，服务还与所有参与者（无论是哪一方）对服务的认识、实施和角色的转换，以及服务意识、文化水平等有关系。新型农业社会化服务体系建设的目的，就是要把各种类型的服务送到农业生产主体、加工主体、流通主体等需要服务的农业经营主体手中。

（二）农业社会化服务的主体架构

我国农业社会化服务的主体架构，“以公共服务机构为依托、合作经济组织为基础、龙头企业为骨干、其他社会力量为补充”的组织架构。按照目前行政设置与农业社会化服务相关的行政部门就有农业部门和涉农部门两大类，分别有农业、林业、水利、气象等，以及科技、教育、发改、财政、金融、商务、工商、税务、人力资源与社会保障、卫生、民政、工业与信息化、广电、交通、电力、环境保护、动植物检疫、食品与药品监督等至少 23 个部门。从服务落实的主要机构看，有农业推广机构、农业科研院所、农业教育单位、合作经济组织、涉农企业、社会团体力量。

（三）完善农业社会化服务的基本要求

农业社会化服务是国家对农业实行宏观调控的重要渠道和形式，其运转应能够体现国家的农业政策，放大国家惠农效果。所以，首先维护农产品价格和市场秩序，引导调整农业生产结构是政府需要完成的使命。其次，强化集体服务组织作用，要使社会化服务贯彻标准化理念，起到节约成本、提高营运效率和经济效益的作用。再次，发展新合作服务组织，发挥各主体的优势，及时满足农业生产和农民的各类服务需求，解决农业社会化服务体系头重脚轻、在乡村出现断层的问题。然后，扶持民营服务组织，通过竞争和自身的效率，促进其他服务组织服务效率的提高，弥补其他服务实体的服务盲点，也为其他服务组织的推进提供外围督促氛围。最后，增益财政激励服务功能，以国家为主要投资渠道，各级政府应当审时度势，加强服务的财政支持，以奖励形式促进服务的成长，使财政资金的投放产生增益放大效果。

第二节　农业社会化服务标准化

农业社会化服务标准化，是在我国必须面向市场、内部必须降低成本、外围不能不优化提升的要求下的必然，是国家农业发展水平的标志性领域。因此，农业社会化服务标准化，无论从理论到方法，还是对实践和经验的总结，在我国都是一个新课题。本节将从标准化的角度探索农业社会化服务问题，应用农业标准化的理论与方法，阐述农业社会化服务。

目前我国农业社会化服务体系，虽然因市场和生产发展需要而产生，但仍在转变之中，传统农业的思想运作成分还很浓，真正现代农业理念——农业标准化的体现还很少。本节先阐述农业社会化服务与标准化的关系，再讨论标准化的农业社会化服务要素。

一、农业服务与标准化关系

(一) 农业社会化服务的宏微辩证

农业社会化服务，是农业由低级向高级发展过程中的必然需求，是农业发展到规模化、专业化时代必须具有的一种服务状态。农业本身就是一个有机整体，又由各种不同的组织部件构成。如果将其比作一位巨人，则农业社会化服务，就像这巨人身体中的通达经络，渗透和网罗着农业的全部。农业社会化服务在农业发展中的需求，应当内源于市场和经济的动力。农业社会化服务在社会中的显示，是由于人们在认识的提高和知识的总结中看到了“是什么”，或者是“做什么”，仍然处于“形体”的层面，还没有深入其内部、完成市场要求下的“怎么做”的议题。该服务，依赖于农业，又相对的独立，宏观上成为另一个庞大的有机整体，与环境之间构成了开放对接。从服务的入口看，是从拥有大量的生产资料和知识介入，推动生产力发挥作用，并逐渐改变着生产关系；而到了行为的结果时，就有了大量农产品和更高管理水平的参考者“产出”，使这一循环完成并在质量上升了一级，为下一个循环做好了充分的资源准备。该系统的发育特征，明显地表现为系统的严谨性与专业化的分工性，且这种分工愈加精细，专业队伍间的合作性越来越密切，相互间服务的能力越来越提升，随之的依赖性和联系性也越来越强烈，会不经意地展示出一种“我为人人，人人为我”的景观态势。这就是农业社会化服务宏观与微观关系，也是对国家农业从社会化服务角度的一个层面描述。显然，农业标准化成为回答“怎么做”这一问题的关键钥匙。

农业社会化服务的国家政策十分明确，在战略发展方向上已经确定，相关的学术研讨已经不少，涉及方方面面。这些文章不但思辨了农业社会化服务体系，而且提出和讨论了新型农业社会化服务体系。从论文的内容看，无论是理论还是实践，从宏观还是到中观甚至有些涉及微观，几乎进行了较全方位的设计和总结。但是，多少个摆出的观点，无数个给出的想法，似乎都没有摆脱固有农耕文化的思维定式，更没有深刻地去思考一个关键问题：怎么做，才能使其落地有声？这就需要切实理解现代农业的真正内涵与社会要求之间经济、生态与文化的联系。

似乎人们都明白，以集约化手段，最优化的方法，促成服务的低成本和高效益，使农业总体获益更多。然而，怎样做才能实现这些想法甚至愿望呢？只有农业标准化是落实的唯一途径。

（二）服务与标准化的逻辑关系

由以上论述可以看出，农业社会化服务，是对“农业需要服务，并且在社会化条件下服务是最佳选择”这一命题的真正描述，是一种概念的归纳与说明，是宏观管理学的实用型概括，用到中观管理学，就不能再具体了。微观管理学中，需要对宏观与中观管理学中的思想、概念和范围加以落实和具体化。所以，到需要农业社会化服务的概念成为有声落地的具体方案时，服务的刚性特征就完全暴露出来了。实质上，这也才是农业社会化服务的终极目标。满足这种目标的条件，就是怎么做的问题，而不再是“社会化服务”的高调子了。

具体的农业社会化服务，是事关服务双方的共同事件，双方是否到达最终目标，是完全相同的结果：即要求最低成本，最好效果，只是各自期望的参照不同而已。就这一服务所构成的体系看，站在社会角度，有两点是人们最容易想到的：一是构成服务的系统内、各服务支出的运行效益要最大化；二是具体服务双方所构成的系统要产生更多的正能量（边际效应明显），从而实现整个体系的效益最大化。这种利益最大化和效益最大化的系统性的实现工具，不是别的，正是农业标准化理论与方法的应用结果。因为，农业标准化学科的理论体系，就是为实现这种愿望、从学科的逻辑推演到驱动力输出而建立起的整体支撑与动作表达的宏观体系。

农业标准化，是在做任何农业系统间、农业系统内乃至任意一个可重复的细小过程上的最佳程序，并使该程序落到实处的行为规定。其结果，就是使过程变得最简、投入变得最小和结果变得最好。农业社会化服务，从战略到战术，由战术到结果，必然会分层实现，效应完整。农业标准化越向实现层面靠近，就越具有挑战性和刚性（因为农业确实复杂），就越能够体现出标准化手段与方法的可靠与有力。另外，标准化是基于在重复之中寻找最佳，应用最佳和实现最佳，则面对农业社会化服务，无论是宏观、中观还是微观，重复的动作成为推进的基本操作，那么，标准化的理论体系、思想原理及运作方法，就会自然地出现在这些层面之中。如果说社会化是宏，标准化是微，则“细节决定成败”的道理就表现得淋漓尽致。反过来，如果说标准化无处不有，社会化处处需要，则以标准化手段推动社会化，才是最可靠、最牢固和最快捷的服务方法。对服务的任何方面进行了标准的规定并应用标准加以推动，农业社会化服务的效益（无论是系统内还是系统间）才能最大限度地发挥出来。

（三）农业社会化服务的标准化意义

农业社会化服务标准化，是我国农业人性化服务中一个全新的领域，有着划时代的农业发展意义。农业社会化服务，是在我国农业历经近万年的农户基础、小农经济向市场化、全球化大农业背景下产生出来的新型农业支持领域，但其产生和发展已经明显受到传统农业思想的约束和限定。一个显著的例证，就是实施农业社会化服务，不以标准化思想与行为统领其过程，仍然停留在所谓技术服务、物资配套的层面上。其结果，正如农业虽历经近万年，内涵积淀着深厚的标准化行为，意识中却不知道什么是农业标准化一样。因此，农业社会化服务标准化，能够从一开始对农业社会化服务进行现代理念下的规定和运作，使农业社会化服务体系的发展在健康、有利的轨道上运行，无疑对我国农业现代化是一个正确而快速的支持。农业社会化服务标准化，从经济乃至生态角度的意义，从其作用方面也已经表达得很清楚了。

农业社会化服务体系，是与农业生产各部门紧密相连，为从事农业生产经营主体提供产前、产中和产后的全程综合配套服务的机制保障架构。它是按社会分工和协作的需要而独立出来的，运用社会各方面力量，使经营规模相对狭小的农业生产经营单位，适应市场经济发展的需要，获得大规模生产效益的一种组织形式。其实质，是农户小规模分散经营在市场机制引导下，把一部分不适合自己完成的生产环节交给专门的服务组织或个人去完成，以提高营运效率和经济效益，增强整体竞争力。在当前推进社会主义市场经济发展、开展美丽乡村建设和发展现代农业之际，实施农业社会化服务体系标准化建设是适应农业进入新阶段，支持农业结构战略性调整的客观要求；是应对加入 WTO 新环境，增强农业国际竞争力的迫切需要；是提高农民组织化程度，解决千家万户的小生产与千变万化的大市场矛盾的有效途径；是增加农民收入、实现农业现代化的重要措施。

农业社会化服务标准化，是对农业服务现代化的唯一支撑。只有标准化规定下的农业社会化服务体系，才能被服务者接受，才有发展的真正空间和理由。农业社会化服务标准化，是对农业社会化服务走向完整市场化、取得服务话语权的内在支持；农业社会化服务标准化，能够帮助农业社会化服务直接起到效益最大化的作用，对农业服务的结果回报也直接达到了理想状态；农业社会化服务标准化，能够使农业过程更迅速、更简化、更有效地运行起来；农业社会化服务标准化，还能够建立服务间的壁垒，解决服务中的矛盾到最低水平，建立服务的最高信誉体系，形成服务和被服务队伍的最简化过程，从而实现对参与者的劳动、休闲和学习提高的更好的时间分配。

二、农业社会化服务标准化子体系

农业社会化服务标准化体系建设，是服务现代农业标准体系的重要组成，虽然凸显了管理标准化的成分，与农业技术标准体系密切相关，与服务业标准体系相互关联。农业技术标准体系是农业社会化服务标准体系的技术支持。农业社会化服务标准体系建设，其纵向与国家现代农业标准体系紧密衔接，横向则与农业技术标准体系相互配套、与服务业标准体系相融合。农业社会化服务标准体系建设包括国家（含行业）、团体和地方农业社会化服务体系建设，涵盖农产品生产的产地环境、基础设施、机械器具、投入品、种植养殖、生产、加工流通全过程，包括公益性服务和经营性服务、生产服务和流通服务、专项服务和综合服务。主要包括8个子体系。

（一）农业生产服务标准体系

围绕农业生产环节，各作业关键点及过程上服务的服务规范、服务提供规范和服务支撑规范标准。包括：土地管理，耕作，播种，墒情与苗情监测，灌溉排水，生物灾害的测报及管理，投入品供应与施用，防疫，种植/养殖管理，收割、运输、加工、贮藏、包装等环节的服务标准体系。该体系因不同的生产体系而有不同的重心和目标。

（二）农业推广服务标准体系

农业需要的先进方法与装备，通过这一途径进入农业过程，其推广服务的服务规范、服务供给规范和服务支撑规范等标准属于这种范畴，主要包括：新品种、新成果、新器械，新的种植养殖方法，疫病防治与有害生物管理方法，新的加工方法，新的贮藏方法，包装技术与管理方法，节水灌溉，畜禽养殖场废弃物无害化处理，水产养殖场水质监测和净化处理等。做好这种推广，一个短平快的手段就是其精湛的标准出台并加以应用。

（三）农产品质量监管服务标准体系

涉及农产品质量监管服务的服务规范、服务提供规范和服务支撑规范。包括：食用农产品生产环境监测、投入品安全使用和监测、农产品的监督检查和抽查、检验检测、农产品认证、农产品安全风险分析和评估等。保障农产品质量安全的最好标准体系，是将其安全性分散在每一个作业过程，用质量标准的风险防范加以保证，从而使生产出的产品只是后期生物污染的风险，而不存在化学污染。

（四）动植物疫病防控服务标准体系

动植物疫病防控服务的服务规范、服务提供规范和服务支撑规范标准。具体包括：重大动植物疫病的测报调查监控和预测预报、动植物疫病防疫和处理、动植物无害化处理、动植物疫病诊治、动物屠宰检疫、人畜共患病诊断和监测、急宰动物的处置等。这类标准体系结合实际的监测分析，就将其有害性控制在最低水平。

（五）服务组织服务规范标准体系

农业社会化服务组织（人员）等服务能力要求，服务人员和设施的配置要求，服务能力评价指标及方法等标准。包括：植保、土肥、畜牧兽医、水产、水利、林业、农经、农机、合作社、农民经纪人等。这类标准体系的突出特点是管理，可应用现成的模块化介入管理体系标准化中。

（六）农产品流通服务标准体系

农产品流通服务领域的服务规范、服务提供规范和服务支撑规范标准，包括：农产品包装、集成标准箱、贮运、农产品批发和零售交易、冷链保持、贸易规范的提供、产品溯源、检验检疫、防止生物污染、分流与整体管理等，均在严格的标准约束中以专业化模式推动和运行。

（七）农业信息化服务标准体系

农产品信息化的服务规范、服务提供规范和服务支撑规范标准，包括：农业标准信息、农业生产经营的环境信息、气象信息、科技信息、动植物疫病防控信息、投入品信息、产品质量监测信息、产品溯源信息、市场贸易信息等。

（八）农业金融市场服务标准体系

农村金融仍是整个金融体系的薄弱环节，与现代农业发展、美丽乡村建设及农业的社会化服务标准化要求距离较大，需要服务环节特别地加强。这一服务领域相对特殊，是人与资金的信用服务关系，为了“三农”的快速高效发展。该体系的服务首先有金融方面的标准体系，再有接受服务的要求标准体系，还有监督资金使用与时间要求的标准体系，并且有风险防范的制度性标准体系，建立可溯源的透明化监督管理标准体系。只有这些标准体系健全、信贷放心、监督有效的情况下，才能真正快速支持和发展农业社会化服务，才能真实地建立起市场经济背景一致的经营信誉体系，也就是真正的标准化的农业社会化服务。

第三节　农业社会化服务标准化方法

一、农业服务标准化的服务

（一）服务的重点与领会

这里突出的是“服务”。根据我国历史性远离市场的发展历程和几千年来等级制的封建统治的残留的现状，服务存在总体的意识不怎么强，往往会将自己的位置颠倒，出现喧宾夺主的情况。

服务，首先是自觉意识的介入，自觉、诚意成为服务的内涵，把被服务者当作自己应当而且一定要服务好的对象去看才对。充分理解“顾客就是上帝”这一描述的哲理，变自身为服务过程的一个成分，而不是服务的外力推动者。其次，做到服务的行为自觉，这要求综合素质必须达到服务的标准要求。所以，服务不是每一个人都做得了的。服务还要有扎实的服务技能，如面对农业系统，哪怕是一个小领域的服务，从事服务的人，必须要有这方面的雄厚的知识基础和服务经验，才不至于在服务中出现“卡点”，应用服务规定的标准才能够心领神会，落实自如。

（二）服务的水平与等级

服务分层次且有严格的等级性。食宿服务业的星级酒店或者饭店，就是用红五星的数目来表示服务等级的。目前为止，农业社会化服务的发育还不很健全，等级的划分还不明确，服务的标准制定和应用更有滞后性显现特点。按说，农业社会化服务是面向现代农业和市场化需要的，农业社会化服务从一开始就应当是以标准约束的，但目前还没有这么做。主要原因是，农业在分户经营中就没有明确的标准化规定，农业从小农向规模性转变过程中，自觉不自觉地遭受着传统无标农业过程的严重牵制。

一般地，市场化程度越高的地方，人们的相互间的服务意识就越强；市场化发展历史越长，服务就越容易成为人们生活文化中的重要组成部分。

（三）服务的系统与内容

农业社会化服务标准化内容的表达，正如一部钢琴协奏曲，是一个协调系统。我们试想，要听到一部美妙的独奏曲，一架钢琴、娴熟的演奏者，成为发音的基本条件，还需要在钢琴和演奏者的优美组合中，美妙的乐曲才能出现，才能实现整体的效应或者结果。在这里，我们将这架钢琴比作农业平台，演奏者就是农业社会化服务的实施者，其他参与者为保障体系。只有通过两者之间的默契配合推动，才能出现这社会化服务的过程和谐声音。就在这完美组合中，农业社会化服务标准化的内容的完美表达，就在钢琴键盘及其内部弹子的眼花缭乱的跳动中表现出来。其实，这种所谓眼花缭乱的跳动的背后是极为有序的，是事先以标准的音符规定好的序列，依照着独奏的曲谱标准展开来的。否则，就没有什么美妙乐曲的出现。

二、农业服务标准化的规定

（一）利润与服务标准化

一个真正面向市场的农业，随着其不断发育成长，在利润的最大化刺激下，应用标准与组织标准化推动就成为一个充分必要条件。目前农业标准化应用的被动与真正发展需求的相悖现象属于正常，需要被动的推动。这是因为农业面向市场的发育还不健全。这正显示出，我们的农业还处在变革中，需要尽快提高市场化程度，把传统中影响发展的那部分成分逐步缩小，与现代的交织中逐步弱化，直至剔除。

（二）服务共赢中的标准化

农业社会化服务，对服务者和被服务者而言，都在追求利益最大化，那么在相互的利润空间中，各自最大化利润被越来越多地压缩，服务的内部几乎挤不出什么油水，而服务是永恒的，这样，推进服务的结果，只能转向从服务过程来寻求利润，从服务的体系良好组合中产生边际效应而获取利润。这时，标准和标准化就成为应用的唯一选择。对标准和标准化的采纳不积极时期，也就是农业社会化服务还处在相对落后的时期。因此，农业社会化服务标准化，是农业社会化服务的必由之路，是农业社会化服务发展一定阶段上自然选择的途径。从另外一个方面说，农业社会化服务标准化的规定，是自然的和必然的。我们现在提出和推动农业社会化服务标准化问题，正是想在农业发展中达到加速和跨越的目的。这一点，需要充分地认识到。

三、农业社会化服务标准化途径

（一）集团化运作推动途径

面对 WTO 的严酷要求和事实现状，我国农业发展必须以快速提升、迅速集成和集团化运作的方式来应对目前的现实和发展趋势。农业标准化的集团化运作与推动，也分不同层次和类型。国家层面上的推动和省层面上的地方运作之间既有充分的联系，又有各自优势；种植业类型和养殖业类型的集团化运作，以及集团化的公益性运作与经营性推动都有其充分的理由，是农业社会化服务标准化推进的重要模式。

但是，近千年所成的农户经营、小农经济，处于远离市场、毫无现代交换意识和经验的文化背景下，要想很快改变现状，只有动用国家机器，实施外力推动，以便在最短时间内激发出农业的内在力量并期望施以双力合并的大能量，形成快速发展的总势头。我国政府从上到下，实施大量的农业推动政策和方法，均是以集团甚至超集团方式进行的推进运作，如现代农业园区和标准化示范县示范区等，农业标准化的集团化运作更显其势，省、地、县也仿效推动，其势史无前例。

（二）市场需求的拉动途径

这是农业社会化服务标准化能够长期处于不衰地步的内在动力机制，是农业市场化中标准化服务的原动力与动力源。这种动力，将服务与标准化及其紧密的结合汇聚成一种自然性的强大驱动力，为农业过程需求服务。农业市场化发展水平越高，推动服务标准的内动力就越足。这种方式，是在一定时期和一定角度，找准市场需求，根据要求标准，规定相应的产业过程，并为获得最大效益而不能不采用标准化运作方式组织和推动这一过程。这种方式往往是发展较为成熟的涉农企业所采取的农业生产加工方式。

（三）新农业文化需求途径

农业在局部地区发展到一定程度，受自然资源禀赋的限制，农业科技水平的提高，以及对农业认识的深入，人们的眼光也向更深层次、更为复杂的系统利用投向，以深入浅出的方式，试图寻找更为便捷的方法推动农业向着更大利润的空间逼进。至此，各方面的要求就会聚集到一个焦点：如何以最小的投资、最简的过程和最佳的系统换取最大的回报？这时，农业社会化服务、农业社会化服务标准化在这个总需求中，就成为人们积极和渴望得到的重点采用的工具了。这是一种更高境界的农业社会化服务标准化范式，支持和推动着更高境界的农业体系。

（四）以户为主的组织拓展途径

农业社会化服务标准化，还有一个有效途径，那就是，通过农业标准化理论和方法的应用，结合我国农村现实情况，面对分散而不具有雄厚文化背景的小户农家，进行农业标准化层面上的服务工作，不但促使农户接受和实施标准化措施与方法，还能够通过标准化手段的应用，产生联合甚至合并小户农民到中户甚至大户，即农业标准化能够促使分散农户进行集合，形成规模化农业体系，典型的组织和成形方式是真正意义上的农村专业合作社的诞生和发展。家庭农场的提倡和支持，将会使这种服务标准化并产生凝聚的力量进一步放大。

这是目前乃至今后一个时期内我国农业社会化服务标准化

发展的重点方式。

因为，以农户为基础的农业发展，在我国仍然是主流，占优势地位。真正的农业社会化服务标准化，也是针对于这一群体而设定和应用的，只要能够把这一群体的服务问题解决，就把中国农业的基本问题解决得差不多了。问题的关键在于，我们急需要有一批懂得农业标准化、懂得农民组织运作、懂得将农民引向市场大旗之下的复合型农业标准化推广人才。

第五章　农产品品牌建设

农业部下发了《关于无公害农产品、绿色食品、有机农产品的意见》，提出“三位一体、整体推进”的发展思路，为“三品”明确定位，并提出了各自的发展重点。农业部启动农产品地理标志登记保护工作，进一步丰富了政府主导的安全优质品公共品牌，提出了“三品一标”的概念，并将其定位于农业发展进入新阶段的战略选择和传统农业向现代农业转变的重要标志。

第一节　农产品品牌的概述

当今世界，经济实力是衡量一个国家强弱的一个重要指标，而一个国家经济实力的重要标志之一就是品牌实力与品牌价值。改革开放以来，我国经济迅猛发展，经济总量也超过了日本和德国，跃居世界第二位。然而，我国仍然是一个农业大国，在世界农产品贸易中，我国农产品严重缺乏具有国际竞争力的强势品牌，就连农产品的质量安全保障也经常受到国外的质疑。国内近年来频频出现的诸如“三鹿奶粉”“双汇瘦肉精”等食品质量安全事件也促进人们更加重视农产品质量安全保障体系的建设。因此，对于一个国家一个民族来说，树立良好的农产品品牌形象是至关重要的，也大大增强了我国的市场竞争能力。

一、农广品品牌的广生背景

在现代农业产业化的大背景下，分散的小农作坊式的农业生产经营方式已经不能适应现代农业的发展，以大型农业龙头企业为主导的农业产业化生产经营方式已经成为现在及未来的主导方式。因此，在现代农业产业化背景下，进行农产品品牌建设，不仅具有现实意义，而且也是现代农业产业化的大势所趋。以农产品品牌建设为统领，依托农产品产业链各环节主体，以创强势品牌的要求抓好农产品产业链的种植养殖、运输仓储、生产加工、分销销售等各环节工作，不仅能使农产品的品质和质量安全得到有效保障，而且能够有效提高。

农产品的知名度和美誉度，树立我国农产品的良好品牌形象，为我国农业龙头企业带来更多的品牌溢价，从而大大增加我国农业龙头企业在国际市场中的竞争能力。

（一）提高农产品质量安全水平需要农产品品牌

“民以食为天，食以安为先”，农产品质量安全问题是一个关系到老百姓身体健康和生命安全的重大社会问题。近年来频频出现的各类农产品质量安全事件，不仅大大损害了广大人民群众的身体健康和生命安全，而且使得广大人民群众对农产品生产企业产生了信任危机。随着农产品贸易规模的不断扩大和经济全球化的进一步推进，农产品质量安全又是一个关系到国家经济发展和国际形象的经济与政治问题，各国政府都非常重视农产品质量安全问题。

从农产品产销一体的产业链结构入手，加强产业链中各产业环节主体对农产品产销活动环节的质量安全监控，使农产品的质量安全得到有效保障，是农产品品牌构建的坚实品质基础，从而使得农产品品牌成为农产品质量安全保障的标志和代名词。通过农产品品牌建设赋予农产品应有的属性标志，降低消费者选择成本，激发我国农产品生产者重视农产品质量，增强农产品质量安全意识，是提高农产品质量安全质量的有效措施。

（二）消费升级给我国农产品品牌发展带来了前所未有的机遇

品牌农产品的需求收入弹性较大，随着消费者收入水平的提高，消费者会倾向于购买品牌农产品，另外，品牌农产品的需求交叉价格弹性较低。这两方面的原因使品牌农产品面临较大的市场机遇。随着人均收入水平的提高，社会对同质性强的农产品的需求不会随收入的提高而同步增长，而对具有不同质的品牌农产品的需求将会高速增长。例如，“壹号土猪”肉的价格虽然比普通猪肉的价格高 2 倍，但是仍然供不应求，每次一上市就被抢购一空。

我国已进入全面建设小康社会的历史新阶段，告别温饱年代的中国人目前对“吃、穿”的要求更高，人们追求自然、绿色和健康的衣食商品。品牌农产品、名牌农产品是高质量、高档次的象征和体现。品牌文化带给消费者的精神收益，是消费水平提高后的必然要求。因此创建农产品名牌对满足消费者对农产品的更高需求具有重大意义。

（三）品牌化成为提高国际竞争力的重要手段

我国加入世界贸易组织后，大量国外的品牌农产品纷纷进入我国市场，从而导致我国农产品“足不出户”就必须参与国际市场的竞争。在此背景下，我国农产品能否在市场竞争中取得优势，在很大程度上还要看农产品的牌子有多硬。从这种意义上说，今后的市场竞争就是品牌与品牌的竞争。如果我国农产品没有品牌，或者仅仅是贴牌，缺乏自主知识产权，不仅会影响我国农产品出口，而且也不利于我国农产品对外贸易的可持续发展。在绿色壁垒已经成为新的贸易保护手段的新形势下，发达国家不断颁布新的技术法规，提高标准水平，规定苛刻的包装和标签要求，执行严格的质量认证制度和合格检验程序，以国家安全、保护环境及维护消费者利益为合法性理由，对出口国构成贸易障碍。这些外在压力迫使中国农业企业通过创建农产品品牌，并不断提升品牌价值，冲破发达国家贸易壁垒。

长期以来，我国农产品竞争力不高严重制约着农业效益和农民收入的增长。在国内市场上，大部分农产品一直质差价低，农民收入增长缓慢，城乡农产品消费者食用优质农产品的愿望得不到满足。在国际市场上，我国农产品更是被看作无名、无牌的低价商品，竞争力弱，比较收益低。品牌是产品身份的最重要体现，有品牌才能受重视，受重视才能有价值，有价值才能有竞争力。

二、农产品品牌的内涵

农产品品牌是指由农民等生产经营者，通过栽培作物和饲养牲畜等生产经营活动而获得的特定产品，经由一系列相关符号体系的设计和传播，形成特定的消费者群、消费者联想、消费者意义、个性、通路特征、价格体系、传播体系等因素综合而成的特定整合体。农产品品牌是消费者最关心的问题，即附着在农产品上的某些独特的能够与其进竞争者相区别的标记符号系统，代表了农产品拥有着与其消费者之间的关系性契约，向消费者传达了农产品信息的集合和承诺；农产品的质量标志、品种标志、集体品牌和狭义的农产品品牌构成了农产品品牌的系统，使农产品品牌呈现出复杂性和多样性。

三、农产品品牌的功能

品牌处于多元关系交叉点上，品牌的使用可在一定程度上增加对市场与社会的保护，市场上多品牌的出现对市场秩序起到规范调节作用，有助于社会和谐与社会进步。

（一）产品识别

农产品品牌作为农业生产经营者使用的商业性标记，承载了有关产品及生产经营者的重要信息，将同类产品予以区分，所以农产品品牌最基本的功用就是用于识别。如“五常”与“金健”尽管都是大米品牌，产地与品质却各有不同，消费者通过这些符号或标记有所选择。随着市场经济运行及社会文明的提高，消费者已体现出越来越关注产品有无品牌及是否为注册商标。

（二）树立形象

产品作为实体是直接消费的对象，而品牌一旦形成就可以停留在人们的观念与印象中，有关产品或生产经营者的发展状态、市场评价及各种相关信息可以形成消费者有关产品的认知及品牌形象。相比之下品牌形象更具传播性，能够跨越时间、空间，体现产品或生产经营者的影响力。产品只有具有良好的品牌形象，才有助于产品的增值及竞争力的提升。

（三）形成品牌资产

农产品进入市场经过一段时间的积累，随着知名度及美誉度的提高，这时品牌自身就会独立于产品之外形成另外一种价值，人们习惯上称为无形资产。这种价值是生产经营者的额外收益。成功的品牌不仅自身具有较高的价值，还可以进行品牌延伸带动新产品的销售，综合价值很大。

（四）整合农业资源

我国农业生产者不同于其他国家的生产者，基本上属于小规模的分散运作，在实践中，这种运作模式由很多弊端，不利于生产效率的提高，缺乏市场谈判力及竞争力。通过品牌就可以形成一种集成，把未来不相关的利益群体用一种纽带连接起来，“公司+农户”及农业合作社等多种农业合作经济组织的出现，其综合效益的获得离不开品牌作用的发挥，借助品牌可实现各种资源的整合利用。

随着社会的发展，消费者的需求正呈现多样化，从营销角度来说，各类市场基本上已进入细分化时代。农业发展到一定阶段能提供的产品数量与种类也越来越多，作为生产经营主体也要借助品牌把产品的差异化体现出来。目前而言，构建农产品品牌的条件已基本具备，将在很大程度上促进农产品品牌的形成。

第二节　农产品质量安全品牌认证概述

一、认证

（一）认证的概念

认证是指由认证机构证明产品、服务、管理体系符合相关技术规范、相关技术规范的强制性要求或者标准的合格评定活动。认证的种类包括产品认证、服务认证（又称过程认证）、管理体系认证。其中，产品认证、管理体系认证已经比较普遍，而服务认证一般可以当作一种特殊的产品进行认证，服务单位也有相应的管理体系可以进行认证。

（二）认证的种类

国际通行的认证包括产品认证和体系认证。产品认证是对终端产品质量安全状况进行评价，体系认证是对生产条件保证能力进行评价。二者相近又不同，产品认证突出检测，体系认证重在过程考核，一般不涉及产品质量的检测。在农业方面，最主要的是产品认证，也就是终端产品的质量安全认证。在我国，目前最主流的是三个方面的认证，即无公害农产品、绿色食品、有机产品标志认证。对生产过程的体系认证，时机尚不成熟，有待于进一步研究、探索、实践、试验。

从发展的态势看，体系认证比较符合中国农业生产实际的主要是“三 P”认证，即 GAP（Good Agriculture Practice，良好农业操作规范）、GMP（Good Manufacturing Practice，良好生产规范）、HACCP（Hazard Analysis and Critical Control Point，为害分析与关键点控制）。近年来，GAP 和 HACCP 在农业行业中的认证逐渐增多。

从国际社会成功的运作效果看，GAP 适用于种植业产品的生产过程认证，打造知名生产基地和企业；GMP 适用于农产品加工品和兽药等农业投入品的生产过程认证，培育知名生产加工企业；HACCP 适用于畜禽水产养殖业及其加工业生产过程认证，打造知名生产基地、养殖大户和龙头企业。从中国的农产品生产实际和发展方向上看，相当长一段时期，农产品质量安全方面的认证还主要是产品认证。在产品认证当中主要是无公害农产品、绿色食品、有机农产品（有机食品），简称“三品”。

（三）产品质量认证

1. 产品质量认证的发展

产品质量认证是随着现代工业的发展，作为一种外部质量保证的手段逐渐发展起来的。在现代产品质量认证产生之前，供方为了推销产品，往往采取“合格声明”的方式，以取得买方对产品质量的信任。但是，随着现代工业的发展，供方单方面的“合格声明”越来越难以增强顾客的购买信心，于是由第三方来证明产品质量的产品质量认证制度便应运而生。

产品质量认证制度始于英国。1903 年英国工程标准委员会首创了世界上第一个用于符合标准的认证标志“BS”标志（“风筝标志”），并于 1922 年按英国商标法注册，成为受法律保护的认证标志，至今在国际上仍享有较高的信誉。此后，这项制度得到了较快发展。现在实行产品质量认证制度，已经是国际上的通行做法。

2. 产品质量认证的概念和原则

产品质量认证是指依据产品标准和相应的技术要求，经认证机构确认并通过颁发认证证书和认证标志来证明某一产品符合相应标准和相应技术要求的活动。我国产品质量认证分为强制性产品质量认证和自愿性产品质量认证。

产品质量认证的依据应当是具有国际水平的国家标准或行业标准。标准的内容除应包括产品技术性能指标外，还应当包括产品检验方法和综合判定准则。标准是产品质量认证的基础，标准的层次、水平越高，经认证的产品信誉度就越高。

产品质量认证应当遵循以下原则：一是国家统一管理的原则；二是只搞国家认证，不搞部门认证和地方认证的原则；三是实行第三方认证制度，充分体现行业管理的原则。

（四）管理体系认证

1. 管理体系认证发展的现状

目前进行认证的管理体系主要有 ISO 9000 质量管理体系、ISO 14000 环境管理体系、OHSAS 18000 职业健康安全管理体系、ISO 22000/HACCP 食品安全管理体系等。现在已经尝试将多种管理体系进行一体化整合，例如 ISO 9000：2000 质量管理体系、ISO 14000：2004 环境管理体系和 OHSAS 18000 职业健康安全管理体系的一体化。各种管理体系具有一些共性的要素，其中 ISO 9000：2000 质量管理体系是各种管理体系的基础。

2. 管理体系认证的作用和原则

各种管理体系的作用是规范某项工作的管理，提高管理水平和管理效益。例如，质量管理体系认证可以提高供方的质量信誉，增强企业的竞争能力，提高经济效益，降低承担产品责任的风险，保证产品质量，降低废次品损失。

各种管理体系认证都应当遵循自愿申请原则和符合国际惯例原则。其中自愿申请原则的具体内涵包括：是否申请认证由企业自主决定；向哪个管理体系认证机构申请认证，由企业自主选择；申请哪种管理体系认证，由企业根据需要和条件自主确定。符合国际惯例原则是指按照国际通行的做法和规定的程序、要求开展认证，以便得到国际认可，促进国际认证合作的开展。

二、农产品质量安全认证

（一）发展历程

1. 国家农产品质量安全认证的发展历程

农产品质量认证始于 20 世纪初美国开展的农作物种子认证，并以有机食品认证为代表。到 20 世纪中叶，随着食品生产传统方式的逐步退出和工业化比重的增加，国际贸易的日益发展，食品安全风险程度的增加，许多国家引入“农田到餐桌”的过程管理理念，把农产品认证作为确保农产品质量安全和同时能降低政府管理成本的有效政策措施。于是，出现了 HACCP、GMP、欧洲 EuerpGAP、澳大利亚 SQF、加拿大 On-Farm 等体系认证以及日本 JAS 认证、韩国亲环境农产品认证、法国农产品标识制度、英国的小红拖拉机标志认证等多种农产品认证形式。

2. 我国农产品质量安全认证的发展历程

我国农产品认证始于20世纪90年代初农业部实施的绿色食品认证。20世纪90年代后期，国内一些机构引入国外有机食品标准，实施了有机食品认证。有机食品认证是农产品质量安全认证的一个组成部分。另外，我国还在种植业产品生产推行GAP（良好农业操作规范）和在畜牧业产品、水产品生产加工中实施HACCP食品安全管理体系认证。

在中央提出发展高产、优质、高效、生态、安全农业的背景下，农业部提出了无公害农产品的概念，并组织实施“无公害食品行动计划”，各地自行制定标准开展了当地的无公害农产品认证。在此基础上实现了统一标准、统一标志、统一程序、统一管理、统一监督的全国统一的无公害农产品认证。

农业部为了保护具有地域特色的农产品资源，颁布了《农产品地理标志管理办法》，在全国范围内登记保护地理标志农产品。农业部也逐渐形成了“三品一标”的整体工作格局。

3. 现阶段我国“三品一标”工作的新定位

农业部印发的《农业部关于进一步加强农产品质量安全监管工作的意见》中明确提出：当前和今后一段时期，“三品一标”的工作重点是稳步推进认证，全面强化监管。“三品一标”已由相对注重发展规模进入更加注重发展质量的新时期，由树立品牌进入提升品牌的新阶段。

无公害农产品，要牢牢把握“推进农业标准化、保障消费安全”这条主线，进一步加强对生产主体质量控制能力的把关，推进发展，提升产品质量。绿色食品，要高标准、严要求，提高认证门槛，走精品化路线，充分发挥优势和市场竞争力，保持稳定的发展态势，不断提升产业素质。有机食品，一定要立足国情，因地制宜，重在依托资源和环境优势，在有条件的地方适度发展，满足国内较高层次消费需求，积极参与国际市场竞争。农产品地理标志，要坚持立足传统农耕文化和特殊地理资源，科学合理规划发展重点，规范有序实施登记保护，确保主体权益、品质特色和品牌价值。

（二）我国农产品质量安全认证的重要性

我国实施农产品质量安全认证的重要性表现在以下三方面。

1. 有利于促进农业可持续发展

农产品质量安全问题主要是由于环境污染而引起的。要解决农产品的质量安全问题，推进农业产业升级，首先要保护好农业生态环境，防止和治理环境污染。从这个意义上说，以安全农产品生产为动力的农业生产方式的转变，必将极大地促进生态环境保护。优质农产品的价格高于普通食品，市场需求旺盛，能够提高农业经济效益；对于我国辽阔的山区和边远农村来说，具有发展安全优质农产品的环境基础，开展农产品质量安全认证，可以增加农产品的环境附加值，增加农民收入，成为解决农民脱贫致富的一条有效途径。

总之，通过安全农产品系列生产技术、规程的实施，不仅可降低农业成本，提高农产品质量，增加农民收入，同时对保护生态环境也有极大的好处。以此为突破口，必将形成农业生产与农业环境的良性循环，实现农业的可持续发展。

2. 有利于提高农产品质量

随着人民生活水平的提高，我国消费者的环境意识与健康意识不断增强，人们对农产品消费的需求也逐步提高。现在大多数消费者关心的不仅是吃饱的问题，还要求吃好，吃得放心，普遍要求提供安全、优质的农产品。通过农产品质量安全认证，可以规范和约束农业生产行为，减少农产品生产过程的污染，提高农产品的质量安全水平，更好地保障消费者的食物消费安全。

3. 有利于增强农产品国际竞争力

农产品是我国出口创汇产品的重要组成部分，农产品出口额在国家出口创汇额中占有相当大的比重。近年来，由于我国农业投入品特别是化学品的大量使用，产生了一系列的环境和农产品质量问题，不仅影响了人们的身体健康，还直接影响了农产品的出口创汇。

为了提高我国农产品质量，提升我国农产品在国际市场的竞争力，打破国际贸易中的“绿色壁垒”，必须实行农产品质量安全认证，发展绿色食品或有机食品，同时也可进行 ISO 9000 质量管理体系和 HACCP（为害分析与关键控制点）等认证，获得国际绿色通行证，打破食品国际“绿色壁垒”，增强农产品国际竞争力。

（三）农产品质量安全认证的特点

农产品认证除具有认证的基本特征外，还具备其自身的特点，这些特点是由农业生产的特点所决定的。

1. 认证的实时性

农业生产季节性强、生产周期长，在农产品生长的一个完整周期中，需要认证机构进行检查和监督，以确保农产品生产过程符合认证标准要求。同时，农业生产受气候条件影响较大，气候条件的变化直接对一些为害农产品质量安全的因子产生影响，如直接影响作物病虫害、动物疫病的发生和变化，进而不断改变生产者对农药、兽药等农业投入品的使用，从而产生农产品质量安全风险。因此，对农产品认证的实时性要求高。

2. 认证的全程可控性

农产品生产和消费是一个“从土地到餐桌”的完整过程，要求农产品认证（包括体系认证）遵循全程质量控制的原则，从产地环境条件、生产过程（种植、养殖和加工）到产品包装、运输、销售实行全过程现场认证和管理。

3. 认证的个性差异性

一方面，农产品认证产品种类繁多，认证的对象既有植物类产品，又有动物类产品，物种差异大，产品质量变化幅度大；另一方面，现阶段我国农业生产分散，组织化和标准化程度较低，农产品质量的一致性较差，且由于农民技术水平和文化素质的差异，生产方式有较大的不同。因此，与工业产品认证相比，农产品认证的个案差异较大。

4. 认证的风险评价因素复杂性

农业生产的对象是复杂的动植物生命体，具有多变的、非人为控制因素。农产品受遗传及生态环境影响较大，其变化具有内在规律，不以人的意志为转移，产品质量安全控制的方式、方法多样，与工业产品质量安全控制的工艺性、同一性有很大的不同。

5. 认证的地域特异性

农业生产地域性差异较大，相同品种的作物，在不同地区受气候、土壤、水质等影响，产品质量也会有很大的差异。因此，保障农产品质量安全采取的技术措施也不尽相同，农产品认证的地域性特点比较突出。

第三节　无公害农产品品牌认证

一、无公害农产品的概念

（一）无公害农产品的定义

《无公害农产品管理办法》中明确提出：无公害农产品

是指产地环境、生产过程、产品质量符合国家有关标准和规范的要求，经认证合格获得认证证书并允许使用无公害农产品标志的未经加工或初加工的食用农产品。也就是使用安全的投入品，按照规定的技术规范生产，产地环境、产品质量符合国家强制性标准并使用特有标志的安全农产品。

（二）无公害农产品的内涵

无公害农产品，也就是安全农产品，或者说是在安全方面合格的农产品，是农产品上市销售的基本条件。但由于无公害农产品的管理是一种质量认证性质的管理，而通常质量认证合格的表示方式是颁发“认证证书”和“认证标志”，并予以注册登记。因此，只有经农业部农产品质量安全中心认证合格，颁发认证证书，并在产品及产品包装上使用全国统一的无公害农产品标志的食用农产品，才是无公害农产品。

二、无公害农产品标志

（一）无公害农产品标志图案

无公害农产品标志图案见图 5-1，标志图案主要由麦穗、对钩和“无公害农产品”字样组成。

图 5-1　无公害农产品标志

(二) 无公害农产品标志的含义

无公害农产品标志整体为绿色，其中，麦穗与对钩为金色。绿色象征环保和安全，金色寓意成熟和丰收，麦穗代表农产品，对钩表示合格。标志图案直观、简洁、易于识别，含义通俗易懂。

三、无公害农产品的技术要求

(一) 无公害农产品标准

无公害食品标准是无公害农产品认证的技术依据和基础，是判定无公害农产品的尺度。为了使全国无公害农产品生产和加工按照全国统一的技术标准进行，消除不同标准差异，树立标准一致的无公害农产品形象，农业部组织制定了一系列产品标准以及包括产地环境条件、投入品使用、生产管理技术规范、认证管理技术规范等通则类的无公害食品标准，标准系列号为 NY 5000。无公害食品标准框架见图 5-2。

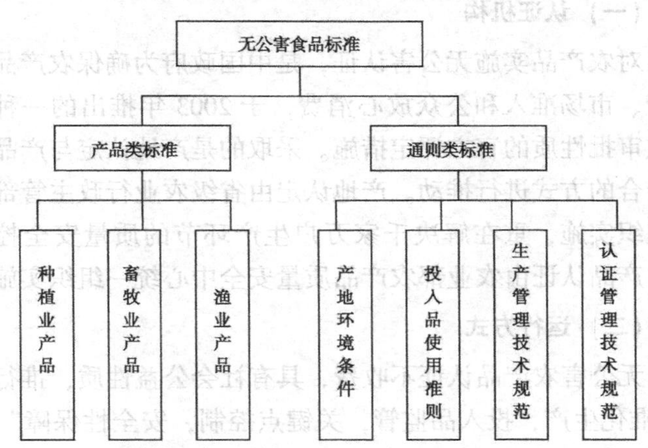

图 5-2　无公害农产品标准体系

无公害食品标准体现了“从农田到餐桌”全程质量控制的思想。标准包括产品标准、投入品使用准则、产地环境条件、生产管理技术规范和认证管理技术规范五个方面，贯穿了“从农田到餐桌”全过程所有关键控制环节，促进了无公害农产品生产、检测、认证及监管的科学性和规范化。

（二）无公害农产品生产技术要求

无公害农产品认证推行“标准化生产、投入品监管、关键点控制、安全性保障”的技术制度。从产地环境、生产过程和产品质量三个重点环节控制为害因素含量，保障农产品的质量安全。由于无公害农产品认证的目的是保障基本安全、满足大众消费，因此，在无公害农产品生产过程中，肥料与农药的使用都要遵循国家相关的标准，禁止使用国家明令禁止的农业投入品，在生产过程中没有禁止使用转基因生产技术。

四、无公害农产品的组织与运行

（一）认证机构

对农产品实施无公害认证，是中国政府为确保农产品安全生产、市场准入和公众放心消费，于 2003 年推出的一种带有行政审批性质的官方评定措施。采取的是产地认定与产品认证相结合的方式进行推动。产地认定由省级农业行政主管部门负责组织实施，重在解决千家万户生产环节的质量安全控制问题；产品认证由农业部农产品质量安全中心统一组织实施。

（二）运行方式

无公害农产品认证不收费，具有社会公益性质，推行的是“标准化生产，投入品监管，关键点控制，安全性保障”管理制度，目的是要解决大宗农产品消费安全和市场准入问题。目前，在有条件的省份实行无公害农产品产地认定与产品认证一体化工作模式。按照农业部的要求，无公害农产品以“推进农业标准化、保障消费安全”为主线，加强对生产主体质量控制能力的把关，稳步推进发展，提升产品质量。

（三）证书管理

无公害农产品产地认定证书与产品认证证书有效期均为三年。在证书到期前 90 天，获证单位要提出复查换证申请，符合复查换证要求的，由省级农业行政主管部门重新核发产地认定证书，由农业部农产品质量安全中心重新核发产品证书。获得无公害农产品证书的生产企业可以在其获证产品上加施农业部统一的无公害农产品标志。

五、无公害农产品的市场定位

（一）产品质量水平

无公害农产品认证是农产品质量安全工作的重要抓手，其目的是规范农业生产、保障基本安全、满足大众需求。因此，无公害农产品的产品标准中大部分指标等同于国内普通食品标准，个别指标高于国内普通食品标准。

（二）产品价格

据北京市食用农产品安全生产体系建设办公室对全市主要市场中无公害农产品价格调查结果显示，无公害农产品的价格与普通农产品的价格差别不大，这一点也反映了无公害农产品保障基本安全的特性。

（三）消费对象

无公害农产品以初级食用农产品和初加工产品为主，从农业部发展无公害农产品的目的看出，其主要消费对象是普通大众。

第四节　绿色食品生产的品牌认证

一、绿色食品生产资料的概述

(一) 绿色食品生产资料的概念

绿色食品生产资料，是指获得国家法定部门许可、登记，符合绿色食品生产要求以及《绿色食品生产资料标志管理办法》规定，经中国绿色食品协会核准，许可使用特定绿色食品生产资料标志的生产投入品。

与普通农业生产资料相比，绿色食品生产资料最显著的特点是安全、有效、环保。绿色食品生产资料的优越性体现在，绿色食品生产资料在产地环境、产品质量、包装标识、标志使用等方面实施监督管理。绿色食品生产资料的生产和加工过程中严格按照绿色食品生产技术规程及生产资料使用准则的要求，建立严格的质量管理体系和生产过程控制体系。此外，绿色食品生产资料的证后监管体系以年检、抽检和退出公告等制约机制，进一步保证了产品的质量安全。

(二) 绿色食品生产资料的范围

1. 总体划分

按照国家商标类别划分的第 1、5、16、31 类中的大多数产品均可申请认证。概括来说，绿色食品生产资料标志使用许可的范围包括：肥料、农药、饲料及饲料添加剂、兽药、食品添加剂，以及其他与绿色食品生产相关的生产投入品。

2. 肥料产品

包括有机肥料、微生物肥料、有机无机复混肥料、微量元素水溶肥料、含腐殖酸水溶肥料、含氨基酸水溶肥料、中量元素水溶肥料、土壤调理剂，以及农业部登记管理的、适用于绿色食品生产的其他肥料。

3. 农药产品

包括低毒的生物农药、矿物源农药及部分低毒、低残留有机合成农药等符合《绿色食品农药使用准则》（NY/T 393）的农药产品。

4. 饲料及饲料添加剂产品

包括供各种动物食用的单一饲料（含牧草）、饲料添加剂及添加剂预混合饲料、浓缩饲料、配合饲料和精料补充料。

5. 兽药产品

包括国家兽医行政管理部门批准的微生态制剂和中药制剂；高效、低毒和低环境污染的消毒剂；无最高残留限量规定，无停药期规定的兽药产品。

6. 食品添加剂产品

符合《食品添加剂使用标准》（GB 2760）、《食品营养强化剂使用标准》（GB 14880）规定的品种及使用范围，符合《绿色食品食品添加剂使用准则》。

（三）绿色食品生产资料标志

绿色食品生产资料标志，是用以证明适用于绿色食品生产的生产资料的标识，见图 5–3。

图 5–3　绿色食品生产资料标志图形

1. 绿色食品生产资料标志含义

（1）寓意。绿色外圆，代表安全、有效、环保，象征绿色食品生产资料保障绿色品产品质量、保护农业生态环境的理念；中间向上的三片绿叶，代表绿色品种植业、养殖业、加工业，象征绿色食品产业蓬勃发展；基部橘黄色实心圆点为图标的核心，代表绿色食品生产资料，象征绿色食品发展的物质技术条件。

（2）组成。绿色食品生产资料的标志“三位一体”，即标志图形、“绿色食品生产资料”文字、编号。

2. 绿色食品生产资料标志设计使用规范

（1）组合运用在绿色食品生产资料商品包装上，标志图形采用反白色形式，圆点的色值（M70/Y100）不变。

（2）根据包装物的形式的需要，可选择组合A或组合B。见图5-4。

二、绿色食品生产资料认证

（一）绿色食品生产资料申请人条件

1. 基本条件

凡具有法人资格，并获得相关行政许可的生产资料企业均可申请。社会团体、民间组织、政府和行政机构等不可作为绿色食品生产资料的申请人。同时，申请人还应同时具备以下条件。

（1）具备绿色食品生产资料生产的环境条件和技术条件。

（2）生产具备一定规模，具有较完善的质量管理体系和较强的抗风险能力。

2. 有下列情况之一者，不能作为申请人

（1）与协会和省绿办（中心）有经济或其他利益关系。

组合 B

图 5-4 绿色食品生产资料标志组合

（2）纯属商业经营而非生产企业。

3. 申请用标产品必须同时符合下列条件

（1）按国家商标类别划分的第1、5、16、31类中的大多数产品均可申请认证。

（2）经国家法定部门检验、登记。

（3）质量符合相关的国家、行业、地方技术标准，符合绿色食品生产资料使用准则。

（4）有利于保护和促进使用对象的生长，或有利于保护和提高使用对象的品质。

（5）不造成使用对象产生和积累有害物质，不影响人体健康。

（6）生产符合环保要求，在合理使用的条件下，对生态环境无不良影响。

（7）非转基因产品和以非转基因原料加工的产品。

（二）绿色食品生产资料认证程序

1. 申请

申请人向省级绿色食品工作机构提出申请，并提交《绿色食品生产资料标志使用申请书》及相关材料（一式两份）。有关申请资料可通过协会网站（www.greenfood.org.cn/sites/cgfa）或中国绿色食品网（www.greenfood.org.cn）下载。

2. 初审

省级绿色食品工作机构在10个工作日内完成对申请材料的初审。初审符合要求的，组织绿色食品生产资料管理员在20个工作日内对申请用标企业及产品的原料来源、投入品使用和质量管理体系等进行现场检查。初审和现场检查不符合要求的，做出整改或暂停审核决定。

3. 复审

协会在20个工作日内完成对省级绿色食品工作机构提交的初审合格材料和现场检查报告的复审。在复审过程中，协会可根据有关生产资料行业风险预警情况，委托省级绿色食品工作机构和具有法定资质的监测机构对申请用标产品组织开展常规检项之外的专项检测，检测费用由申请使用绿色食品生产资料标志的企业（以下简称用标企业）承担。

4. 评审

复审合格的，协会组织绿色食品生产资料专家评审委员会在15个工作日内完成对申请用标产品的评审。复审不合格的，协会在10个工作日内书面通知申请用标企业，并说明理由。

5. 审核结论

协会依据绿色食品生产资料专家评审委员会的评审意见，在15个工作日内做出审核结论。

6. 合同签署

审核结论合格的，申请用标企业与协会签订《绿色食品生产资料标志商标使用许可合同》（以下简称《合同》）。审核结论不合格的，协会在10个工作日内书面通知申请企业，并说明理由。

7. 收费

按照《合同》约定，申请用标企业须向协会分别缴纳绿色食品生产资料标志使用许可审核费和管理费。

8. 发证

完成上述事项后，由协会颁发《绿色食品生产资料标志使用证》。

（三）绿色食品生产资料标志的使用

1. 使用规定

获得《绿色食品生产资料标志使用证》的产品必须在其包装上使用绿色食品生产资料标志，并同时附有绿色食品生产资料标志产品编号和“经中国绿色食品协会许可使用”字样。具体使用式样参照《绿色食品生产资料标志设计使用规范》，选择组合 A 或组合 B 一种设计方式。

2. 绿色食品生产资料标志产品编号形式及含义

绿色食品生产资料标志产品编号形式及含义如表 5-1 所示。

表 5-1　编号形式

编号形式	LSSZ—	XX	—XX	XX	XX
含义	产品分类	核准年份	核准月份	省份国别	当年序号

省份代码按全国行政区划的序号编码；国外产品，从 51 号开始，按各国第一个产品获证的先后为序依次编码。

3. 约束条件

绿色生产资料标志及产品编号的使用范围仅限于核准使用的产品和产量。获证企业不得擅自扩大使用范围，不得将绿色食品生产资料标志及产品编号转让或许可他人使用，不得进行导致他人产生误解的宣传。

4. 包装标签

获证产品的包装标签必须符合国家相关标准和规定，其中肥料和农药产品的包装标签还必须标明绿色生产资料标志使用准则规定的使用方法和剂量。

5. 使用期限

绿色生产资料标志使用权自核准之日起 3 年内有效，到期愿意继续使用的，必须在有效期满前 90 天提出续展申请。逾期则视为放弃续展。

6. 变更

《绿色食品生产资料标志使用证》所载产品名称、商标名称、企业名称和核准产量等内容发生变化，企业应及时向协会申请办理变更手续。

7. 企业责任

企业应保证获证产品质量符合相关标准，并对其生产和销售的获证产品质量承担责任。

8. 停止使用

获证企业如丧失绿色食品生产资料生产条件，应在 1 个月内向协会报告，办理停止使用绿色生产资料标志手续。

（四）绿色食品生产资料标志的续展

绿色食品生产资料标志有效期是 3 年，续展申请企业应在绿色食品生产资料标志商标使用证有效期满前 3 个月向其所在地省绿办（中心）提交《绿色食品生产资料标志使用申请书》和材料清单一式两份，具体事宜请在协会网站下载《绿色食品生产资料标志使用许可续展程序》，依据程序办理相关手续。

三、绿色食品生产资料标志的监督管理

中国绿色食品协会对获证企业和获证产品分别施行企业年度监督检查和产品质量监督抽检制度。省绿办可根据《绿色

食品生产资料标志管理办法》，结合本辖区绿色食品生产资料生产企业的实际情况，制定本地区的企业年度监督检查工作细则。

（一）年度检查和质量抽检程序

中国绿色食品协会委托各绿办负责实施年检工作。年检工作按如下程序进行。

1. 年检材料提交

企业在绿色食品生产资料标志使用有效期到期前 1 个月向绿办提交年检材料，主要包括：《绿色食品生产资料标志使用证》原件、本年度产品检测报告、相关资质证明，以及履行《绿色食品生产资料标志使用许可合同》和《绿色食品生产资料标志管理服务协议》情况的报告。

2. 现场检查

各绿办在必要时可对企业进行现场检查。根据质量监督的需要，检查企业的生产过程、相关场所及生产环境，查阅有关档案材料及票据。企业应为检查工作提供便利条件。

3. 年检审核

各绿办在收到企业年检材料后 15 日内完成年检审核。年检合格的，在其《绿色食品生产资料标志使用证》原件上加盖年检合格章；年检不合格的，省绿办可区别不同情况要求其整改或报请中国绿色食品协会取消相关产品绿色食品生产资料标志使用权。

4. 抽样检验

协会委托专门机构制订并下达抽检计划，有关监测机构实施抽样检验。检验费由专门机构承担，检验样品由受检企业无偿提供。

5. 仲裁

企业对产品检验结论如有异议，可自收到检验报告之日起15日内书面提请中心仲裁。仲裁检验由中心另行指定监测机构进行。仲裁检验费先由企业垫付，再根据检验结论由责任方承担。

（二）标志使用过程中发生问题的处理

绿色食品生产资料标志在使用过程中有可能出现以下问题，按相关规定进行处理。

1. 整改决定

发生下列情况之一，由各省绿办做出获证企业整改决定。

（1）获证产品的包装未按规定使用绿色食品生产资料商标、产品编号和相关字样的。

（2）获证产品的包装标签未标明绿色食品生产资料使用准则规定的使用方法和剂量的。

（3）获证产品的产量超过核准产量的。

（4）违反《绿色食品生产资料标志使用许可合同》和《绿色食品生产资料标志管理服务协议》有关规定的。

2. 整改要求

企业整改期限为1个月。整改合格的，准予继续使用绿色食品生产资料标志；整改不合格的，由各省绿办报请中国绿色食品协会取消相关产品绿色食品生产资料标志使用权。

3. 使用权的决定

发生下列情况之一的，由中国绿色食品协会做出取消获证产品绿色食品生产资料标志使用权的决定。

（1）经监督抽检，产品质量不合格或企业拒绝接受产品监督抽检的。

（2）逾期6个月未进行年检，或年度检查出现严重问题的。

（3）未在规定期限内整改合格的。

（4）以制造或提供虚假情况通过审核或产品监督抽检的。

（5）丧失有关法定资质的。

（6）将绿色食品生产资料商标用于其他未经核准的产品或擅自转让、许可他人使用的。

（7）违反《绿色食品生产资料标志使用许可合同》和《绿色食品生产资料标志管理服务协议》有关规定的。

（8）企业自动放弃或被取消获证产品的绿色食品生产资料标志使用权。

4. 绿色食品生产资料标志的公告

协会对获得绿色食品生产资料标志使用许可的产品和终止绿色食品生产资料标志使用许可的产品予以公告，公告内容包括：获证产品名称、编号、商标和获证企业名称及终止许可的原因。

第五节　有机产品的品牌认证

一、有机产品的概念

（一）有机农业的概念

2011年修订的国家标准《有机产品》（GB 19630—2011）中规定，有机农业指遵照特定的农业生产原则，在生产中不采用基因工程获得的生物及其产物，不使用化学合成的农药、化肥、生长调节剂、饲料添加剂等物质，遵循自然规律和生态学原理，协调种植业和养殖业的平衡，采用一系列可持续的农业技术以维持持续稳定的农业生产体系的一种农业生产方式。

（二）有机产品的概念

《有机产品》国家标准中，有机产品指按照有机产品国家标准生产、加工、销售的供人类消费、动物食用的产品。

（三）有机农产品的内涵

农业部推行“三位一体、整体推进”的工作格局。有机农产品，国外普遍称谓为“有机食品”，《有机产品》国家标准中涵盖了有机农产品和有机食品。人们通常所说的有机农产品包括谷物、蔬菜、食用菌、水果、奶类、畜禽产品和水产品等。在我国，有机农产品除了可供食用的农产品外，还包括用于纺织的棉、麻及天然纤维等非食用农产品。

二、有机产品标志

（一）有机产品标志图案

有机产品在全球范围内无统一标志。我国的有机产品标志分为“中国有机产品”认证标志（图 5-5）和“中国有机转换产品”认证标志（图 5-6）两种，标志图案主要由三部分组成，即外围的圆形、中间的种子图形及其周围的环形线条。“中国有机产品”图形主体颜色为绿色和橙色，“中国有机转换产品”图形主体颜色为褐色和橙色。

（二）有机产品标志的含义

有机产品标志外围的圆形形似地球，象征和谐、安全，圆形中的“中国有机产品”和“中国有机转换产品”字样为中英文结合方式，既表示中国有机食品与世界同行，也有利于国内外消费者识别。

中间类似种子的标志，代表生命萌发之际的勃勃生机，象征了有机产品是从种子开始的全过程认证，同时昭示出有机产品就如同刚刚萌生的种子，正在中国大地上茁壮成长。

图 5–5　中国有机产品标志

图 5–6　中国有机转换产品标志

种子图形周围圆润自如的线条象征环形的道路，与种子图形合并构成汉字“中”，体现了有机产品植根中国，有机之路越走越宽广。同时，牌平面的环形又是英文字母“C”的变体，种子开关也是“O”的变体，意为“China Organic”。

“认证机构要公开获证组织使用中国有机产品认证标志、认证证书和认证机构标识或名称的要求。”目前，经国家认监委认可的有机农产品认证机构有 22 家，多数机构有自己的认证标识，并通过宣传材料及网络公开其机构标识。

三、有机产品的技术要求

（一）有机产品标准

有机产品是一个“舶来品”。我国有机产品标准是参考国际有机农业和有机农产品的法规与标准制定的，2005 年 4 月 1 日正式实施了有机产品的国家标准《有机产品》（GB/T 19630），2011 年进行了修订，于 2012 年 4 月 1 日起正式实施新的有机产品的国家标准。

有机产品国家标准分为四个部分：生产、加工、标识与销售和管理体系。生产部分规定了植物、动物和微生物产品的有机生产通用规范和要求；加工部分规定了有机加工的通用规范和要求；标识与销售部分规定了有机产品标识和销售的通用规范和要求；管理体系部分规定了有机产品生产、加工、经营过程中应建立和维护的管理体系的通用规范和要求。

严格地说，有机产品标准还没有形成体系，其结构见图 5-7。该标准为推荐性国家标准，与绿色食品标准相同，对于通过有机产品认证的生产企业，该标准为强制性标准。

有机产品国家标准只是原则性地规定了生产和加工等要求，属于指导性标准，各生产企业需结合本企业实际情况，制定适用于本企业的生产技术规程等内容。

（二）有机产品生产技术要求

有机食品从环境保护及农业的可持续发展角度出发，排斥转基因技术和化学投入品，以避免有机食品生产体系受到外来物质污染。就农作物生产而言，有机农产品生产中要求在有机和常规生产区域之间设置有效的缓冲带或物理屏障；选择有机种子或植物繁殖材料；提倡通过间套作等方式增加生物多样性、提高土壤肥力、增强有机植物的抗病能力；通过回收、再

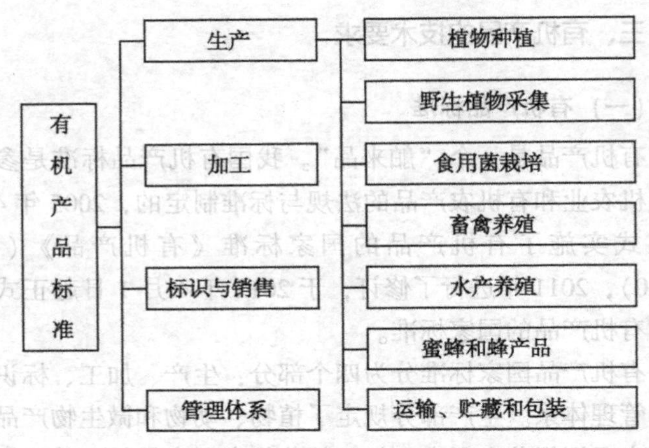

图 5-7 有机产品标准结构

生和补充土壤有机质和养分来补充因植物收获而从土壤带走的有机质和土壤养分；采用种植豆科植物、免耕或土地休闲等措施进行土壤肥力的恢复。

四、有机产品的组织与运行

（一）认证机构

我国有机产品认证依据国际惯例，完全实行企业化运作模式。自 1994 年国家环境保护局有机食品发展中心（后改称为“国家环境保护总局有机食品发展中心，简称 OFDC”）成立后，2003 年前，我国只有 OFDC 和 OFDC 茶叶分中心独立后成立的有机茶认证中心两家认证机构。2003 年，全国各地纷纷成立了大大小小的各种类型的有机产品认证机构，其中一些是新成立的，也有一些是在开展 ISO 标准体系认证机构的基础上扩大业务工作范围的。其间，一些国外的有机认证机构也在中国开展有机产品认证业务。2003 年，《中华人民共和国认证认可条例》颁布实施后，进一步规范了有机产品认证机构。目前，经国家认证认可监督管理委员会批准开展有机农产品认证的机构有 22 家。

（二）运行方式

有机产品认证是一种社会化的经营性认证行为，重在企业诚信，包括认证机构和生产企业双方的诚信。有机产品认证过程重在对生产过程的控制，强调生产过程的相对独立及体系内部能量与物质的循环，实行检查员制度，国外通常只进行检查，国内以检查为主，必要时需进行环境检测和产品检测，检测是对检查结果的验证。一般情况下，企业在申请有机产品认证过程中都需要经历一个转换期，即从按照有机产品标准开始管理至生产单元和产品获得有机认证之间的时段。转换期因产品不同而不同，一年生植物的转换期至少为播种前的 24 个月，草场和多年生饲料作物的转换期至少为有机饲料收获前的 24 个月，饲料作物以外的其他多年生植物的转换期至少为收获前的 36 个月。通过发展有机农业，实现对农业生产环境的保护及农业资源的循环再利用。按照农业部的要求，有机食品要立足国情，因地制宜，重在依托资源和环境优势，在有条件的地方适度发展，满足国内较高层次消费需求，积极参与国际市场竞争。

（三）证书管理

2011 版《有机产品认证实施规则》规定：有机产品认证证书有效期为一年；获证组织应至少在认证证书有效期结束前 3 个月向认证机构提出再认证申请；获证组织的有机产品管理体系和生产、加工过程未发生变更时，可适当简化申请评审和文件评审程序；认证机构应当在认证证书有效期内进行再认证检查；认证证书的编号应当从“中国食品农产品认证信息系统”中获取，认证机构不得自行编制认证证书编号发放认证证书。初次获得有机转换产品认证证书一年内生产的有机转换产品，只能以常规产品销售，不得使用有机转换产品认证标志及相关文字说明。

五、有机产品的市场定位

（一）产品质量水平

有机产品强调按照有机农业的方式进行生产，其宗旨是对农业生态环境的保护，实现农业可持续发展，其生产过程中重视污染控制。有机农业生产体系中应采取必要的措施防止体系外的灌溉水、肥料等物质对有机产品生产体系的污染，同时也要求在有机产品生产过程不能对生产体系外部的环境造成新的污染。有机产品的质量水平一般等同于生产国或销售国普通农产品质量水平。

（二）产品规模

我国有机产品发展始于 20 世纪 90 年代，2003 年后进入快速发展阶段。截至 2009 年年底，全国有机产品生产企业 3 812 个，有机生产面积 326. 8 万公顷，有机转换生产面积 35. 3 万公顷国内销售额 100. 6 亿元，出口额 4. 64 亿美元。

（三）产品价格

据北京市食用农产品安全生产体系建设办公室对全市主要市场中有机产品价格调查结果显示，有机产品的价格较高于普通食品价格的 50% 到几倍，这一点也反映了有机产品在环境保护方面体现出的产品附加值，也体现了有机产品满足特定消费人群的市场定位。

（四）消费对象

有机产品以初级农产品和初加工产品为主，就其发展理念来说，有机产品是环保行为的副产品，即通过有机农业这种替代农业的生产方式实现了保护环境的目的，通过这种生产方式生产的产品即为有机产品。从有机产品的发展理念和其价格定位来说，其主要消费市场为国际市场及国内大中城市，主要消费对象是具有特定消费理念的人群。

第六节　农产品地理标志登记保护

一、农产品地理标志的概念

（一）农产品地理标志的定义

《农产品地理标志管理办法》中规定：农产品地理标志，是指标示农产品来源于特定地域，产品品质和相关特征主要取决于自然生态环境和历史人文因素，并以地域名称冠名的特有农产品标志。

（二）农产品地理标志的内涵

农产品地理标志登记保护，是发展现代农业、特色农业、品牌农业的有效举措。我国农业历史悠久，农耕文化底蕴深厚，农业区划多样，千百年来形成了一大批独具地域特色和独特品质的农产品地理标志资源。农产品地理标志的定义中所指的农产品地理标志具有“三独一特一限定”的特征，“三独”指独特的品质特性、自然生产环境和人文历史因素，“一特”指特定的生产方式，“一限定”指限定的生产区域范围。

二、农产品地理标志

（一）农产品地理标志图案

农产品地理标志实行公共标识与地域产品名称相结合的标注制度。公共标识基本图案见图 5-8，由中华人民共和国农业部中英文字样、农产品地理标志中英文字样和麦穗、地球、日月图案等元素构成。

图 5-8　农产品地理标志

（二）农产品地理标志的含义

公共标识中的麦穗代表生命与农产品，橙色寓意成熟和丰收，绿色象征农业和环保。图案整体体现了农产品地理标志与地球、人类共存的内涵。

三、农产品地理标志登记的组织与运行

（一）登记部门

《中华人民共和国农业法》中规定：符合规定产地及生产规范要求的农产品可以依照有关法律或者行政法规的规定申请使用农产品地理标志。这说明开展农产品地理标志登记工作是农业部门的重要职责。

农业部负责全国农产品地理标志登记保护工作。农业部农产品质量安全中心负责农产品地理标志登记审查、专家评审和对外公示工作。省级人民政府农业行政主管部门负责本行政区域内农产品地理标志登记保护申请的受理和初审工作。农业部设立的农产品地理标志登记专家评审委员会负责专家评审。

（二）运行方式

农产品地理标志登记管理是一项服务于广大农产品生产者的公益行为，主要依托政府推动，登记不收取费用。《农产品地理标志管理办法》规定，县级以上人民政府农业行政主管部门应当将农产品地理标志管理经费编入本部门年度预算。县级以上地方人民政府农业行政主管部门应当将农产品地理标志登记保护和利用纳入本地区的农业和农村经济发展规划，并在政策、资金等方面予以支持。按照农业部的要求，农产品地理标志要立足传统农耕文化和特殊地理资源、科学合理规划发展重点，规范有序登记保护，确保主体权益、品质特色和品牌价值。

（三）证书管理

农产品地理标志证书由农业部颁发，农产品地理标志登记证书长期有效。符合农产品地理标志使用条件的单位和个人，可以向登记证书持有人申请使用农产品地理标志。使用农产品地理标志，应当按照生产经营年度与登记证书持有人签订农产品地理标志使用协议。农产品标志登记证书持有人不得向农产品地理标志使用人收取使用费。

四、农产品地理标志的市场定位

由于地理标志农产品所独具的与自然条件和历史人文相关的独特品质，提升了农产品地理标志的品牌影响力，一些登记保护的地理标志农产品的价格较普通农产品高几倍、十几倍甚至几十倍。“延庆国光苹果”每千克卖到了 40 元，“马家沟芹菜”每千克可以卖到 80~100 元。

第六章　农产品质量安全生产技术

第一节　农产品质量安全生产的影响因素与要求

一、农产品安全生产的影响因素

环境污染如气候变化、生物种类减少、资源枯竭、臭氧层破坏等，已经严重影响到食品资源的安全性。

（一）大气污染

大气污染物有很多种，如 SO_2、氯化剂、氟化物、汽车尾气、粉尘等。长时间生活在污染空气中的动植物会导致生长发育不良，或者引起疾病甚至死亡，这就对农产品的安全性产生了影响。如氟不但会使污染区域的粮食蔬菜的食用安全性受到影响，而且氟化物还通过牧草进入食物链，从而使食品受到间接影响。

（二）水体污染

伴随着工农业生产的扩大和不断增长的城市人口，工业废水和生活污水的排放量越来越大，许多污染物随着污水排入河流、湖泊、海洋和地下水等水体，使水和水体底泥的理化性质及生物群落产生了改变，导致水体污染。水体污染给渔业和农业带来重大影响，不但使渔业资源被严重破坏，也直接或间接地阻碍农作物的生长发育，使农作物减产，同时也会威胁农产品的质量安全。威胁农产品质量安全的水污染物有3种：无机有毒物，即各种重金属和氰化物、氟化物等；有机有毒物，主要包括苯酚、多环芳烃和各种人工合成的有机化合物等；病原体，主要包括生活污水、畜禽饲养场、医院等排放到水中的病毒、病菌和寄生虫等。

（三）土壤污染

土壤污染的方式和途径：首先是化肥、农药的使用和污水灌溉，污染物通过这些途径进入土壤，并逐渐累积；其次是土壤作为废弃物的处理场地，大量的有机和无机污染物质渗入土壤；最后是土壤作为环境要素之一，大气或水体中的污染物通过迁移和转化而对土壤造成污染，成为农产品质量安全的潜在威胁。

（四）放射性物质污染

农产品中放射性物质主要来源于天然和人工放射性物质。一般而言，放射性物质是以消化道为主要途径进入人体的（其中食物占94%~95%，饮用水占4%~5%），而以呼吸道和皮肤为途径进入人体的则比较少。但是在核试验和核工业发生泄漏事故而导致的核污染中，放射性物质不管是通过消化道、呼吸道和皮肤的哪一种途径都可以进入人体。这些放射性物质在进入人体内部后，继续发射多种射线，当放射性物质达到一定数量时，便可以危害人体。其为害性的大小因放射性物质的种类、人体差异、富集量等因素不同而有所差异，或引起恶性肿瘤，或引起白血病，或损坏人体的器官。

二、农产品安全生产要求

《中华人民共和国农产品安全质量法》在第十届全国人民代表大会常务委员会第二十一次会议被通过，这从法律上对农产品安全质量标准、生产、法律责任等方面作出了规定，从而为在根本上解决农产品的安全质量问题提供了法律依据，有助于管理农产品生产、销售行为和秩序，保障农产品的消费安全和广大人民群众的根本利益。

农产品产地是影响农产品安全质量的主要源头。所以，《中华人民共和国农产品安全质量法》对农产品产地管理进行了规定，确定了农产品产地安全管理制度，要求各级国家机关和农业行政主管部门改善产地生产环境，加强标准化生产示范区、动物无疫区和植物非疫区等基地建设，禁止在有毒有害物质超标的地区生产食用农产品和建立生产基地，也对禁止外源污染和防止农业内源污染作了规定。法律同时规定，农产品生产者应当合理使用化肥、农药、兽药、农用薄膜等化学产品，防止对农产品产地产生污染。

只有精心生产，才能够生产出优质的安全农产品。生产经营者只有严格按照规定的技术要求和操作规程进行农产品生产，有节制地使用符合国家标准的农药、兽药、肥料等化学产品，按时收获、捕捞和屠宰动植物及其产品，才可以生产优质合格的农产品，也才能确保消费者的身体健康和生命安全。所以，《中华人民共和国农产品安全质量法》规定组织化程度比较高的农产品生产企业和农民专业合作经济组织应该建立生产记录，包括农业投入品使用情况，疫病和病虫害防治情况等；农产品生产者应该按照法律、行政法规和相关部门的规定，适当使用农业投入品，对投入品使用间隔期和休药期的规定要严格遵守，以免危及农产品安全质量；严禁在农产品生产过程中使用国家明令禁止使用的农业投入品。

农产品多以鲜活产品为主，而且多为异地销售。为了保证消费者可以吃到安全优质的农产品，就有必要在包装、储存、运输过程中采取相应的保鲜防腐技术，这也是食品行业今后发展的必然趋势。因此，《中华人民共和国农产品安全质量法》对此作了相关规定，要求农产品在包装、保鲜、储存、运输过程中使用的保鲜剂、防腐剂、添加剂等原料，必须符合国家强制性技术规范要求。同时，法律还确定了农产品标志管理制度，明确了无公害农产品标志和其他优质农产品标志受到法律保护，禁止冒用。

为实行农产品市场准入制度，《中华人民共和国农产品安全质量法》还严禁不符合法律法规要求和农产品安全质量标准的农产品上市销售，即有以下情形之一的农产品，不得销售。

一是含有国家禁止使用的农药、兽药或者其他化学物质的。

二是农药、兽药等化学物质残留或者含有的重金属等有毒有害物质不符合农产品安全质量标准的。

三是含有的致病性寄生虫、微生物或者生物毒素不符合农产品安全质量标准的。

四是使用的保鲜剂、防腐剂、添加剂等材料不符合国家有关强制性的技术规范的。

五是其他不符合农产品安全质量标准的。

第二节　无公害农产品生产技术

所谓无公害农产品生产，就是把先进实用的农业科学技术和先进的环境保护技术有机、科学地结合起来，建立环保和现代高科技相结合的农业技术体系。种植业指的是在耕地上种植农作物，如粮食、蔬菜、瓜果等。而无公害农产品的种植技术主要包括产地环境的选择技术、栽种技术、施肥技术和病虫害防治技术等。

一、无公害农产品种植技术

（一）种植基地环境选择技术

种植环境是无公害农产品生产的基础。无公害农产品生产基地环境的选择应该遵循《GB 18406.1—2001 农产品安全质量无公害蔬菜安全要求》《GB/T 18407.1—2001 农产品安全质量无公害蔬菜产地环境要求》等有关规定。农田空气环境质量、灌溉水质、农田土壤都应该遵循无公害农产品生产基地环境质量的相关标准。

无公害农产品种植基地一定要建立在生态环境良好，远离污染源，并且可以可持续生产的农业生产区域。产地内及上风向、灌溉水源上游没有对基地环境产生影响的污染源，包括工业“三废”、农业废物、医院污水和废弃物等；产地一定要绕开公路主干线；土壤重金属背景值高的区域，与土壤、水源环境相关的地方病高发区，都不可当作无公害农产品种植基地。种植区应该尽量建立在该作物的主产区、高产区和独特的生态区，基地土壤肥沃，适应性强。

对基地的种植布局要确保一定的群落多样性。在山坡种植，要在山顶、山脊、梯田间保留自然植被，禁止开垦或破坏，并种植相关植物以固土、保水、挡风；坡地种植要沿着等高线或者利用梯田进行种植。

（二）无公害农产品栽培技术

农作物无公害生产栽培技术的关键是无害化的健康栽培技术。

1. 品种选择

农作物无公害生产栽培的品种，应该结合当地的自然条件、市场需求和优势区域规划进行选择。选择的品种除了质量好，产量高外，还应该对当地针对该作物的病虫害有一定的耐受性。

2. 种子消毒

我们所说的种子泛指农作物的种植或繁殖材料，包括籽粒、果实和根、茎、芽、叶等。购买的种子应该符合相应的种子质量规定，外来的种子要有检疫合格证，自繁种子要符合《中华人民共和国种子法》的相关规定。对种子进行消毒，可以防止病虫害的传染流行，防止种子烂掉和秧苗枯萎病，有助于种子的发芽，防治储藏性、土传性病害等。消毒对于提高种子成活率、出苗整齐、帮助幼苗成长、减少育苗时间、提升苗木的产量和质量都十分有好处。消毒的方法，常见的有物理和化学两种方法。物理消毒法经常使用的有日光暴晒、紫外光照射、温汤浸种等方法。日光暴晒只适合那些在太阳照射下不容易减少发芽率的种子。温汤浸种一般水的温度为40~55℃，浸泡的时长为1~24小时，种子的类别不同，浸种温度和时间也不一样。对种子进行化学消毒经常使用杀菌剂、杀虫剂以及两种制剂互相混合使用。主要的操作方法是拌种和浸种。拌种时，药粉的使用量与种子重量的比例一般为0.1%~0.5%，拌种时，把种子和药粉放在玻璃容器中，摇动5~6分钟，使药粉与种子充分混合均匀。浸种方法的优点是没有粉尘、药剂和种子接触比较好、药效比较显著，缺点是药剂的蒸气有毒，需要配备专门的防毒面具和专用设备。处理好的种子在密封的仓库或房间中储藏24小时后才能播种，而且浸过的种子需要干燥。

3. 培育健壮幼苗

育苗是农业种植中的重要工作。育苗移植是适应气候、节约利用土地和缩短成熟时间、提高产量的重要方法，也是预防和减轻病虫害的重要技术措施。育苗主要的方法有：苗床土壤消毒药物熏蒸法——就是把甲醛、溴甲烷等有熏蒸作用的药剂注入苗床土壤中，并在土壤表面用薄膜等覆盖物铺上，这样，药物产生的气体就在土壤中扩散，消灭病毒。土壤经过熏蒸后，等到药剂充分散发后就可以进行播种了。太阳能消毒——这种方法只适合高温季节，播种前把地翻平整好，用透明吸热薄膜在地上铺好，土壤的温度就可以达到50~60℃，密闭15~20天，便可以消灭土壤中的各种病毒。毒土法——先用药剂和土搅拌成毒土，然后进行使用。如在整地后，每平方米苗床用10克杀毒矾拌细土10千克撒在地里，15天后再整地。另外，施用石灰也是常见的方法。应用育苗盘或营养钵育苗并带土移栽。这种方法可以有效避免在移栽时对幼苗根的伤害，阻止土传病害的感染，另外还能够抢季节、节省人力。育苗嫁接要选择生命力旺盛、抗性强的砧木嫁接，防治土传病害。如为防治西瓜、冬瓜和黄瓜的枯萎病，以葫芦瓠作为砧木，西瓜、冬瓜或黄瓜作为接穗，采用顶插育苗，然后用遮阳网和防虫网进行保护，可以防止蚌虫。

4. 田间管理

每种植物的生长发育时间都是比较固定的，在特定的区域，有其最适合生长的时期。在最适生长时期中，植物的生命力强、抗病性强，易实现优质高产的目标。如柑橘最佳栽植期为2—3月和9—10月，干湿季节鲜明的南亚热带气候类型区适合在雨季来临前种植；春天苹果苗木可以在发芽前种植，秋天可在落叶后种植；葡萄苗木从落叶之后到第二年春季萌芽前只要气温和土壤状况适合都可种植，我国北方冬季寒冷多在春天栽种，中部和南部冬季土壤不封冻，多在秋天栽种。蔬菜和大田作物播期在不同生态区域内有很大不同，有时受市场或当地不良气候的影响或者为躲避病虫害，播期会被调整。不合理的播期（定植期）会使植株生长衰弱，发生严重病虫害。按照不同植物品种的特点，做到合理密植，保持行间有良好的通透性、可以充分利用阳光、减少病虫害发生。在植株成长过程中可通过整形、修剪、引蔓等调整植株的生长，改变植株群体结构的生长环境。

（三）无公害农产品施肥技术

科学合理施肥是生产出优质高产农产品的保障，同时对于减少成本和维护农业环境的安全也有着很重要的作用。无公害农产品施肥技术包含肥料类型的选择、肥料用量的确定、施肥时间、施肥方式等。无公害农产品肥料施用时要注意以下几点：根据相关法规、标准的要求使用合格的肥料，使用的肥料应该以有机肥为主，化学肥料为辅；严禁把工业垃圾、医院垃圾以及未经处理的污水污泥、城市生活垃圾和人畜粪便等作为直接肥料；污水污泥、城市生活垃圾、粉煤灰和人畜粪便等经过充分腐熟，符合相关标准规定，才可以使用。

1. 肥料选择

在无公害农产品的生产中，建议推广使用腐熟后的农家有机肥和经配制加工的复混有机肥，对于化肥要合理使用。腐熟后的厩肥、绿肥、饼肥、植物秸秆可以当作基肥使用，沼气肥水、腐熟人畜粪经过安全处理后可以当作追肥，但叶菜不能使用。在施肥过程中要重视氮、磷、钾和微量元素的合理搭配，推广使用专用多元复合肥。对蔬菜施肥禁止偏施氮肥，不能在叶菜生产中使用硝态氮肥。城市生活垃圾经过安全化处理，其质量符合《GB 317287 城市垃圾农用控制标准》要求后才能够使用，但应该合理使用，在无公害蔬菜生产中每年黏性土壤的使用比例禁止超过 3 000 千克/亩，沙性土壤不超 2 000 千克/亩。符合《GB 428484 农用污泥中污染物控制标准》规定的河塘泥可以当作基肥使用。对于微生物肥料要大力倡导。

2. 肥料施用量的确定

肥料的使用多少应该依据土壤养分状况和植物生长及产量的需要来决定。一般的做法是在测土配方施肥的前提下，运用平衡施肥的方法来确定合理的施肥量。

施肥量太多和太少都会影响作物的产量、质量以及植物的健康生长，例如，施氮肥太少，植株生长受抑制，会减产；施氮肥过多，可能导致肥害，发生烧苗、植物枯萎等情况。土壤中有大量的氨或铵离子，一方面，氨经过挥发和空气中雾滴结合产生了碱性的小水珠，灼伤作物，使植物的叶子出现焦枯斑点；另一方面，铵离子很容易在旱土上硝化，在亚硝化细菌的作用下变成亚硝铵，在气化之后形成二氧化氮气体，这种气体会威胁到植株的健康，使植株的叶子上形成不规则水渍状斑块，叶脉间逐渐变白。除此以外，对某种肥料使用太多会阻碍到植物对其他养分的汲取。不科学的使用肥料还能够引起土壤理化性状恶化，如土壤板结，盐基离子大量积累而使土壤产生次生盐碱化，导致养分损失等。太多的肥料对环境、农产品和人类健康都具有潜在的威胁，如导致硝酸盐在植物体内积聚，化肥的养料被水体吸收后引起水体富营养化等。

3. 施肥时期

施肥的时间长短应该依据不同作物的营养生理特性、吸收肥料规律、土壤供肥能力等因素来确定。作物在成长发育过程中的植物营养临界期和营养最大效率期是作物施肥的两个关键时期。植物在营养临界期对于营养的需要并不太多，但却很重要，这一阶段，一旦缺乏营养植物生长就会被严重阻碍，过了这一时期，即便以后补施肥料也无法弥补造成的损失。作物的种类不同，它们的营养临界期也不完全一样，一般出现在植物生长的初期。植物在营养最大效率期对养分的要求，不管是在营养的量上还是吸收的效率上都是最高的，大多数植物的营养最大效率期在成长的中期出现，这也是植物生长最旺盛的时候。在这两个关键时期及时对作物施肥，是提高作物的质量和产量的根本保障。不同植物的植物营养临界期和营养最大效率期也都不一样，一般植物营养临界期大多数出现在植物生长的初期，如冬小麦在三叶期，玉米在五叶期；而大部分作物营养最大效率期是在成长的中期出现的，如对于氮的最大效率期，玉米是从大喇叭口至抽雄初期，水稻在分蘖期，小麦是从拔节至抽穗期。

4. 施肥方法

在作物生长发育的过程中，大部分作物都需要经过基肥、种肥、追肥三个阶段才能够满足自身的营养需求。阶段不同，施肥的方法也不一样。

（1）基肥。基肥就是我们平时所说的底肥。在无公害作物的种植中，有机肥作为底肥在植物种植或移栽前结合土壤耕作使用，有机肥的施用量一般是总肥量的60%～70%，可以和化肥配合使用。有机肥的特点是分解慢、作用时间长，是迟效肥料，为了使肥效充分发挥和减少病虫害，需要经过堆沤处理后才能够使用，一般在种子或植株侧下方16～26厘米的地方施用。大田作物常见底肥的施用方法有撒施、条施、穴施、分层施肥等。果树的底肥施用方法较多使用放射状沟施、环状沟施、长方形沟施、全园撒施等。撒施是指在耕地之前，把有机肥均匀地撒在土壤中，然后用犁将其翻入土中。条施是指沿着植物种植行开沟施肥。穴施指的是先把肥料放入植物种植穴和土壤混合后，再播种（种植）的技术。分层施肥指的是结合深耕分别在土壤的不同层次施肥，以满足植物成长不同过程对营养的需要。果树施肥需要的肥量比较多，使用比较多的是沟施的方法，即把肥料施用在距树一定距离之外，一般把树冠作为中心，向树干外围挖放射状直沟、环状沟或长方形沟，沟的长度和树冠相一致，肥料施在沟中，然后覆土。

（2）种肥。种肥的使用是为了给处于幼苗阶段的作物提供必要的营养。一般的做法是在植物播种或定植时，把肥料施在种子旁边或与种子混合施用。常用速效性化肥或经过腐熟的有机肥料作种肥。施肥的主要方法有拌种、浸种、盖种。拌种是把肥料和种子搅拌均匀后直接播种。浸种是在不同浓度的肥料液体中对种子进行浸泡，浸泡一段时间后，捞出种子，然后晾干，播种。盖种是把有机肥或颜色较深、重量较轻的肥料和土混合在一起，然后覆盖在种子上。对种肥的不合理使用会引起烧种、烂种，种肥用量不能太多，因此，浓度太高、过酸、过碱或含有害物质的肥料和容易产生高温的肥料，都不能当作种肥。在土壤缺水时，不能使用种肥。除了浸种之外，肥料和种子应该保持一定的距离，不能直接放在一起。

（3）追肥。追肥是在植物生长发育时期施用的肥料。追肥的主要肥料一般是速效性化肥，经过充分腐熟的有机肥料也可作追肥，但要进行深施；微量元素通过根外追肥的方法施用效果比较显著。追肥的方法有撒施、条施、穴施、随水灌施、根外追肥等。对果树进行追肥则主要采用环状施肥或放射状施肥。

（四）无公害农产品病虫害防治技术

1. 基本原则

我国植保工作的总方针是“预防为主，综合防治”，同时，这也是作物病虫害防治的基本原则。这个原则依据经济学和生态学，把有害生物当成自然生态系统的一个组成部分。有害生物和农作物在共同的环境下既相互依存也相互制约，在这种动态平衡中，有害生物不会自己消亡，也无法造成太大的作物损失，只有在自然系统不平衡时有害生物才可能猖獗一时，给作物带来严重的威胁。根据上述原理，在作物的生长过程中，我们必须从病虫害与环境及社会条件的整体观念出发，根据标本兼治、防重于治的指导思想，充分发挥自然因素的作用，因地制宜对病虫害采取环境治理、化学治理、生物防治或其他的有效手段，建立起一个系统的防治体系，将病虫害控制在最小为害范围内，使其对经济的影响减少到最小。

"预防"是作物病虫害防治中非常重要的一个环节，它有两方面的意思：一是通过检测措施防止危险性病虫害的传播和扩大，用于国外或国内局部地区发生的危险性病虫害；二是在病虫害尚未发生时采取措施，把病虫害消灭在萌芽阶段或初发阶段。"综合防治"作为防治工作的科学管理系统也有两个含义：一是防治对象的综合；二是防治措施的综合。对象综合的意思是同一个措施尽可能防治多种病虫害。防治措施综合指的是多种防治手段有机结合起来，把环境治理作为基础，依据病虫害的不同特征，采用相应的技术和方法，注重各种手段的增效性和互补性，提升整体防治效果，以获得最大的经济、社会和生态效益。

2. 防治措施

科学合理地调整寄主、病原物和环境因素三者之间的关系，才能够取得良好的防治效果。对农作物病虫害综合治理的主要方法有：植物检疫、农业防治、生物防治、物理防治、化学防治。植物检疫是为了阻止危险性病、虫、杂草以及其他有害生物的传播，保障农业生产的安全以及出口贸易的发展，根据国家公布的法令和规定，对于农作物及其成品在调拨、运输和交易时，采取的一整套的检疫、检验措施。植物检疫是防治病虫害的特殊手段和方式。检疫针对的是对经济造成重大影响而又很难防治的，主要通过人为传播的，国内或地区内还没有发生或分布范围比较小的危险性病、虫、杂草等。环境因素和农业防治病虫害的发生、发展有着很紧密的联系。农业防治就是对农业生产过程中各种技术环节进行适当改造，建设有助于作物生长，阻止病虫大量繁殖的条件，以此来减少或者避免病虫害的发生以及为害。一些农业措施本身就可以有效消灭病虫害。农业防治包含抗病品种的选择、合理的耕作制度、科学的肥水条件以及强化田间管理等方面的措施。生物防治是运用对作物有益的生物及其产物来阻止疾病、害虫的生存或活动，从而降低病虫害的影响的防治方法。生物防治因其对环境无污染，对人畜安全，正在受到人们越来越多的重视和运用。生物防治包括以虫治虫、害虫天敌治虫、生物绝育治虫和基因工程防治病虫等。

物理防治是运用各种物理因素、人工或机械对病虫害进行防治的技术。物理防治运用比较容易，负面影响小，但人工或机械方法大部分比较落后，效率不高。化学防治是运用化学药剂对病虫害进行防治的技术，是当前最普遍的防治技术。化学防治具有收效快、防治效果明显、使用方便、受地区及季节性的影响较小、能够大范围使用、有利于实现机械化、防治对象广泛、试剂可以大批量生产等优点。但同时也具备一些缺点，化学防治如果使用不合理，会对环境和农产品形成污染，而且长时间使用会加大作物抗药性。为了安全、经济、有效地运用化学防治，达到防治病虫害的效果，就一定要掌握病虫害的发生规律、特征特性、农药的基本知识，合理进行化学防治。

3. 病虫害防治技术

（1）农业综合防治。防治病虫害的主要方法之一就是种植抗病性强的作物，相较其他病虫害的防治方法，这种方法的优点是效果稳定、简单易行、经济、环保、有利于保持生态平衡等。统一规划布置和科学安排作物的轮作时间，能够减少病虫害的发生频率和来源。轮作对作物的健康成长非常有好处，可起到恶化病虫害营养条件的作用，这一方法对遏制单食性和寡食性害虫尤其有效，进行水旱轮作能够有效降低病虫害的发生。合理灌溉与施肥。科学灌溉和施肥能够提升作物的营养条件，提高作物的抗病性，而且可使受害植株迅速恢复健康。如对氮的过量使用，会增加食叶性害虫为害；在干燥的秋天经常浇水，可减轻蚜虫、螨类的为害。加强对产地的管理。对杂草和残枝败叶、病果等要及时进行清理，或者统一深埋销毁，从而破坏病虫害的栖身繁殖场所，切断传播途径。

（2）生物防治。生物防治法的优点是对人畜和农作物安全，对于天敌和有益的生物都没有为害，环保，效果持久。缺点是见效慢，作用范围比较小，容易受天气限制。生物防治的主要方式如下。

①微生物的利用：比较常用的有对细菌、真菌、病毒和能分泌抗生物质的抗生菌的运用。如苏云金杆菌可以在害虫新陈代谢过程中分泌一种毒素，使害虫摄入后出现肠道麻痹，导致四肢瘫痪，无法进食，苏云金杆菌对于玉米螟、稻苞虫、棉铃虫、烟素虫、菜青虫均都有很好的效果；有些细菌在进入害虫血腔后，开始大量繁殖，最终导致害虫死于败血症。

②天敌的利用：运用寄生性天敌和捕食性天敌防治。害虫的天敌非常多，包含昆虫（寄生性和捕食性昆虫）、螨类（外寄生螨和捕食性螨）、蛙类、鸟类和微生物天敌资源等。

③运用昆虫激素防治害虫：如保幼激素可以影响害虫的正常生长发育，性外激素可以影响害虫繁殖或对害虫进行诱杀，Bt 乳剂可以导致昆虫无法繁殖，在防治食叶性害虫上，具有非常好的效果。

（3）物理防治。设施防护就是用防虫网、遮阳网、塑料薄膜等对作物进行遮盖，对作物进行避雨、遮阳、防虫栽培，可以减少病虫害的发生。人工机械捕杀就是对病株、病叶、病果进行人工清除，可扒开被害株和附近土壤对害虫进行捕杀。诱杀与驱避如运用害虫的趋光性用灯光对害虫进行诱杀；此外，还有潜所诱杀，就是运用害虫选择一定条件潜伏的特性进行诱杀，如针对黏虫成虫喜欢在杨树上潜伏，可在一定范围内放置一些杨树枝条，诱其潜伏，集中捕食饵引杀就是把害虫喜欢的食物作为诱饵，引诱害虫，然后集中消灭。色板诱杀就是在棚室里安放涂有黏液或蜜液的黄色板引诱蚜虫、粉虱类害虫，让其粘到板上。驱避就是将银灰色的遮阳网安放在棚室上或是在产地中挂一些银灰色条状农膜，都可以达到驱逐蚜虫的作用。太阳能高温消毒、灭病灭虫。种植者经常使用的是高温闷棚或烤棚，在夏天休闲期间，对大棚进行覆盖然后密封，在晴天闷晒增温，这样最高温度可以达到60~70℃，闷棚5~7天，可以有效消灭土壤中的多种害虫。

晒种、温汤浸种。在播种和浸种催芽前先把种子晒2~3天，太阳的照射可以消灭种子上的病菌。茄、瓜、果类的种子用55℃温水浸泡5~10分钟，可以有效消灭细菌；用10%的盐水浸种10分钟，可以消灭芸豆、豆角种子里的菌核病残体和病菌。然后再对种子进行清洗，播种，可防菌核病，用这种方法对种子的线虫病也有很好的防治效果。臭氧防治，运用臭氧发生器防治病虫害。喷洒无毒保护剂或保健剂。用巴母兰400~500倍液对作物叶面进行喷洒可在叶子表面上形成高分子无毒酯膜，从而减少污染；对叶面喷施植物健生素可提高植株抗病虫害的能力，且安全环保。

（4）化学防治。化学防治的主要方法有种苗处理、土壤处理、植株喷药、烟雾熏蒸等。种苗处理就是用药剂对种子、苗木、插条、接穗等进行处理，消灭种苗内外的细菌、害虫，或对种苗施药以保护种苗不被病原物侵袭，主要的方式有拌种、浸种、闷种等。土壤处理就是把有挥发性或熏蒸作用的药剂施放在土壤中，以此消除土壤中的细菌和害虫，保护幼苗免受侵染，主要的方式有穴施、沟施、浇灌、毒土等，施药时间分为播前施用、播后施用、生长期施用等。最常用的施药方法是植株喷药，其中又分为喷雾与喷粉两种方法，施药时应严格按照说明配药，对于药品的种类、剂量、施药时间和频率要严格进行控制，防止药害和对作物的污染。烟雾熏蒸通常都是在大棚中进行，施药的时候应该对棚室进行密封，以增强药效，要注意不要产生明火，点燃后施药者要尽快离开，以免中毒。

（5）科学合理施用农药。

①农药的选用：无公害种植中所使用的农药应当是无毒或者低毒、容易分解、对环境和农产品没有污染、高效、残留低、安全的农药。比较常见的无公害农药包括生物源农药、矿物源农药以及有机合成农药。生物源农药指的是直接运用生物活体或生物代谢过程中形成的具有生物活性的物质或从生物体提炼的物质作为防治病虫害或其他有害物质的农药。生物源农药又可以分成植物源农药、动物源农药和微生物源农药，如苏云金杆菌（Bt）、除虫菊素、楝素、阿维菌素等生物碱。矿物源农药是从矿物中提取有效成分的无机化合物的总称。主要包括硫制剂、铜制剂、磷化物，如硫酸铜、波尔多液等。在农药的施用中，有机合成农药是应用最广泛的，种类很多。毒性低、残留少及使用安全的有机合成农药是无公害农业生产中被允许使用的农药。无公害农业生产中禁止使用毒性强、残留多以及具有三致毒性（致癌、致畸、致突变）的农药，主要包括：六六六、滴滴涕、西力生等。

②对症下药：按照病虫害的特点选择适合的药剂种类和剂型。应该按照具体防治的病虫害选择适当的农药，不能仅用一

个农药来防治所有的病虫害，也不能用一种除草剂来清除所有作物田里的杂草，更不能用除草剂来防治病虫害。如针对咀嚼式口器害虫，如鳞翅目害虫，施用的农药应该选择触杀、胃毒剂；针对刺吸式口器和钻蛀性害虫，适合施用内吸性药剂。美曲膦酯对防治小地老虎有很明显的效果，但对于蚜虫、螨类等防治效果却不大好；对蚜虫的防治要用乐果；杀虫双对于水稻螟虫有很好的效果，对于稻飞虱和叶蝉却作用不大，而异丙威(叶蝉散)对稻飞虱和稻叶蝉都有很好的防治作用，但对稻螟虫的效果不大好；丁草胺对于清除稻田的稗草效果明显，对阔叶杂草的作用不大，而苄嘧磺隆却对阔叶杂草效果很好，对稗草的作用比较小。

③适时用药：在防治的最佳时间段进行施药，可以用少量的农药达到较好的防治效果。因为害虫的习性和为害期不一样，所以对其进行防治的最佳时间段也各不相同，如对于烟青虫在幼虫 2~3 龄时施药的效果最好，随着幼虫的成长，抗药性也不断加强，施药量也只能随之增加。而当烟青虫进入果实里面，防治起来就更难了。如果施药的时间太早，因为农药的有效期是有限的，这就可能导致只消灭了先孵化的害虫，而后孵化的害虫却依然为害，最终只好再进行一次施药。再如用菊酯类药剂防治棉铃虫、红铃虫时，应该在卵孵化盛期，幼虫蛀入蕾、铃之前施药。幼虫一旦进入蕾、铃后再进行施药，效果就会很差。用代森锌防治麦类锈病应在发病初期开始施药，疾病发作后再施药效果就会很差，因为代森锌的作用是保护，没有治疗作用。适量施药。在使用农药时应该按照施药作物的种类、生育期、病虫害的发生量以及环境因素来决定农药的施用量。虫龄和杂草叶龄的不同，对农药的敏感性也会有所区别，对低龄幼虫的防治需要的施药量小，虫龄越大需要的药量就越多；防治抗药性差的害虫药量少，防治抗药性强的害虫药量

大；病、虫、草害发生的频率高时，用药量应该增多，发生的少，用药量就可以适当减少。此外，适宜的施药量还受到环境因素制约。如为了达到同样的效果，除草剂在土表干燥、有机质含量高的土壤中的使用量就要高于在湿润、有机质含量低的土壤里的使用量。单位面积的施药量因作物的大小不同而有所差别，单位面积的施药量应该依据作物植株的大小和发病的位置来决定，苗期的作物小，施药就少，成株期的作物大，施药就多。一般情况下，喷施的农药以叶片完全被药液覆盖，而又不下滴为佳。一定要严格按使用说明书对除草剂进行使用，不得任意加大或降低用药量，因为除草剂使用的太少，杀不死杂草；使用的太多，又可能威胁作物，甚至使作物死亡。

④避免产生药害，科学混用药剂：各种农药各有优缺点，两种以上农药配合使用，经常可以互补缺点，发挥所长，起到增效作用或兼治两种害虫的效果。但在配合使用时，要注意两种农药配合后是否会发生化学反应，使用不当也会降低药效，对农作物形成为害。合理轮换用药，长期单一使用某一种农药，容易引起病、虫、草产生抗药性，或者杂草发生改变，影响药剂的效果。不同的农药配合使用，可防治或延缓病、虫、草抗药性的产生和杂草群落的改变，提升施药的效果。

⑤合理选择环境条件施药：施药效果的好坏受天气条件的影响，一般无风或微风的天气适合施药，不要在高温天气施药，以阴天或傍晚施药效果最好。

⑥采用正确的施药方法：施药的时候，应该按照不同农药的性质、防治对象和环境条件选择相对应的施药方法。如对于地下害虫的治理，可用拌种或制成毒土进行穴施或条施；甲草胺只能在土壤中使用，而不能对茎叶进行喷雾；而草甘膦只能用来进行茎叶喷雾，而无法在土壤中使用。药物的主要使用方法有喷粉法、颗粒撒施法、喷雾法、种苗处理法、熏蒸法等。

喷粉法需要相关的仪器对药粉进行喷洒，这种方法药粉漂移损失的比较多。颗粒喷施法经常使用药剂粒径200~2 000微米的固体制剂，施药时药料不会漂移损失，较为安全、省力。喷雾是利用压力或旋转离心力使药液呈雾状分散的喷洒技术，喷洒较均匀，使用手动式喷雾仪器时喷药量和喷雾细度经常受到操作熟练程度制约。对于防治种苗携带和土传病害，经常使用的技术是种苗处理法，主要的方法有拌种法、浸种法、包衣等。熏蒸法需要在密封的容器或空间中施用，熏蒸后应将药剂排放或稀释到安全浓度，之后人才可以进入。此外，还有灌根法、毒饵法、涂抹法等。

⑦保证施药质量：要求施药全面均匀，叶片正反面都要进行施药，尤其蚜虫、红蜘蛛等害虫经常寄生在叶片背面，施药不合理，效果就不好，更要杜绝丢行、漏株现象的发生。

二、无公害家禽生产技术

（一）饲养管理技术

1. 鸡场环境

鸡场周边的环境、空气质量除了要符合NY/T 388标准，还需要满足以下的条件：鸡场周边3千米内没有大型化工厂、矿厂或其他畜牧场等污染源；鸡场和干线公路的距离应该在1千米以上，鸡场和村、镇居民点的距离也应该在1千米以上；在饮用水源、食品厂上游禁止建立鸡场。

2. 禽舍环境

鸡舍里面的温、湿度环境应该能够满足鸡不同阶段的需求，以减少鸡群发生疾病的危险。鸡舍空气中的有毒有害气体含量应该符合NY/T 388标准。鸡舍空气中的灰尘应该在4毫克/米^{2}以下，微生物数量应该在25万/米^{2}以下。

3. 场地布置

鸡场中的净道和污道要进行分离。要使用绿化带把鸡场的周边进行隔离。实行全进全出制度，至少每间鸡舍饲养同一日龄的同一批鸡。鸡场的生产区、生活区要隔离，小鸡、成年鸡要分开饲养。鸡场也应该有对于鸟类的防范设备。鸡舍地面和墙壁应该容易清洗，并对酸、碱等消毒药液具有耐受性。

4. 饲养条件

（1）水质要求。水质符合 NY 5027 标准，对于饮水设备要经常清理消毒，防止细菌滋生。

（2）饲料和饲料添加剂。使用的饲料要符合无公害标准。额外添加的维生素、矿物质添加剂要符合 NY 5042 标准。在饲料中不要额外添加增色剂，如砷制剂、铬制剂、蛋黄增色剂等。不要喂养不安全的饲料。

5. 兽药使用

在雏鸡、育成鸡前期为防治疾病使用的药品，应该符合 NY 5040 标准。在育成鸡后期（产蛋前）应该禁止用药，不同药品的停药时间的长短也不同，但至少应该保障产蛋开始时药物的残留量符合要求。一般情况下，产蛋阶段禁止使用任何药品，包括中草药和抗生素。如果产蛋阶段发生疾病需要使用药物时，从用药的开始和结束后的一段时期内（取决于所用药物，并符合无公害食品蛋鸡饲养用药规范）产的鸡蛋不能作为食品蛋出售。

6. 消毒制度

（1）环境消毒。鸡舍周边的环境每 2~3 周都要进行一次 2%火碱液消毒或撒生石灰；每 1~2 个月用漂白粉对鸡场周边和鸡场里面的污水池、排粪坑、下水道口进行一次消毒。在鸡场门口设消毒池，使用 2%火碱或煤酚皂溶液进行消毒。

（2）人员消毒。在进去鸡场前，工作人员要经过洗澡、换衣服和紫外线消毒等措施。

（3）鸡舍消毒。在进鸡或转群时要对鸡舍进行彻底地打扫清理，然后用高压水枪冲洗，再用0.1%的新洁尔灭（苯扎溴铵）或4%来苏水（甲苯酚）等消毒液对鸡舍进行全面地清洗，清洗完毕后关闭鸡舍用福尔马林（甲醛）熏蒸消毒。

（4）设备消毒。对蛋箱、蛋盘、饲料器等设备要按时进行消毒，可再用0.1%新洁尔灭（苯扎溴铵）或0.2%~0.5%过氧乙酸消毒，密闭鸡舍，然后用福尔马林（甲醛）熏蒸消毒半小时以上。

（5）带鸡消毒。按时进行带鸡消毒，有助于消灭鸡舍中的微生物和空气中的可吸入颗粒物。经常使用的消毒剂包括0.3%过氧乙酸、0.1%新洁尔灭（苯扎溴铵）、0.1%次氯酸钠等。带鸡消毒要求在没有鸡蛋的鸡舍中实施，防止鸡蛋被药液污染。

7. 饲养管理

（1）饲养员。工作人员应该按时进行身体检查，有传染病的人禁止从事养殖工作。

（2）加料。每次添加的饲料量要合理，尽量保持饲料的新鲜性，防止饲料变坏。

（3）饮水。饮水设备不要漏水，避免弄湿垫料和粪便。饮水设备要按时进行清洗和消毒。

（4）鸡蛋收集。存放鸡蛋的设备要经过消毒。工作人员集蛋前要对手进行消毒。集蛋时将破蛋、砂皮蛋、软蛋、过小、过大的鸡蛋独自存放，不作为食品蛋销售，但可用于蛋品加工。鸡蛋在鸡舍中存放的时间越少越好，从鸡蛋产出到在蛋库存放的时间禁止超过2小时。鸡蛋采集后立即用福尔马林（甲醛）进行熏蒸消毒，消毒后送到蛋库存放。鸡蛋的质量要符合蛋卫生 GB 2748 和鲜鸡蛋 SB/T 10277 标准。

（5）鸡蛋包装运输。鸡蛋的存放可以使用一次性纸蛋盘和塑料蛋盘。存放鸡蛋的用具在使用前应该进行消毒。纸蛋托盛放鸡蛋要使用纸箱包装，每箱 10 盘或 12 盘。纸箱可以多次循环利用，使用之前要用福尔马林（甲醛）熏蒸消毒。运送鸡蛋的设备要使用封闭货车和集装箱，鸡蛋不能直接暴露在空气中运输。在运送之前对于运送的车辆要彻底进行消毒。

（6）废弃物处理。鸡场垃圾经过无害化处理后可以当作农业用肥。处理的方式有堆积生物热和鸡粪干燥处理法。不能把无害化处理后的鸡场垃圾作为其他动物的饲料。孵化厂的副产品无精蛋禁止作为鲜蛋销售，可以当作加工用蛋。孵化厂的副产品死精蛋可以用来制作动物的饲料，但不能作为人们的食品加工用蛋。

（7）病、死鸡处理。对于死于传染病和因病被杀死的鸡，应该遵循 GB 16548 标准进行无害化处理。鸡场禁止销售病鸡、死鸡。有救治价值的病鸡要隔离饲养，由兽医进行治疗。

（8）资料。每批鸡都应当有齐全的记录资料。资料的内容应该包含引种、饲料、用药治疗等和饲养日记。资料保存期 2 年。

（二）饲料生产技术

1. 饲料原料

饲料感官上应该具备一定的新鲜性，具备该品种应有的颜色、气味和组织形态特点，没有发霉、变坏和异味。有害物质和微生物的数量应符合 GB 13078 和相关标准的规定。

饲料原料中如果加入饲料添加剂，应作相关的说明。应以玉米、豆饼粕作为蛋鸡的主要饲料。杂饼粕的使用量要合理，不要太多。禁止把制药工业副产品作为蛋鸡饲料原料。

2. 饲料添加剂

饲料添加剂在感官上具备该品种应有的色、嗅、味和组织形态特征，没有异味、有毒物质以及微生物数量应符合GB 13078及相关标准的规定。饲料中使用的营养性和一般性饲料添加剂应该是农业部公布的批准使用的饲料添加剂。使用的饲料添加剂要求是取得饲料添加剂产品生产许可证的企业生产的、拥有产品许可文号的产品。饲料添加剂的使用应该遵循产品饲料说明所规定的方法、用量使用。产蛋期和产蛋前的5个星期内禁止使用药物饲料添加剂（除有特殊规定的中草药外）。

3. 其他要求

严禁使用违禁药物和药物饲料添加剂。感官上颜色应该统一，没有霉变、起块和异味。有害物质和微生物数量应符合GB 13078和相关标准的规定。产品成分保证值应当符合标签和相关标准所规定的含量。使用时应根据产品饲料标签所规定的使用方法、用量进行使用。应该多使用植酸酶，少用无机磷。

4. 饲料加工过程

（1）卫生要求。饲料厂的工厂设计和设备卫生、工厂卫生和生产过程中的卫生应该符合GB/T 16764的标准。

（2）配料。按时对计量设备进行检查和正常维护，以确保其精确性和稳定性，其误差不能大于规定标准。微量和极微量组分应当进行预稀释，并且应在专门的配料室内进行。配料室进行专门管理，保持卫生整洁。

（3）混合。混合时间的长短应该根据仪器的性能，不少于规定的时间。混合工序投料应按照先多后少的原则进行。投入的微量组分应稀释到配料最大称量的5%以上。在生产药物饲料添加剂时，应该根据药物的种类，先生产低药物的饲料，再生产药物含量高的饲料。如果是在同一班次，不添加药物饲料添加剂的饲料应该优先生产，然后生产添加药物饲料添加剂的饲料。为了预防加入药物饲料添加剂的饲料在产品的生产过程中形成交叉污染，在生产包含不同药物添加剂的饲料产品时，对相关的生产设备、工具、容器都应当进行全面清理和消毒。

（4）留样。新接收的饲料原料和不同批次生产的饲料产品都应该对样品进行保存。样品密封后在专用样品室或样品柜中保存。样品室和样品柜应该保持凉爽、干燥，采样方法应该符合 GB/T14699 的规定。留样应该配有标签，标明饲料种类、生产日期、批次、生产负责人和采样人等信息，并建立档案指派专人负责保管。样品应保留到该批产品保质期满后 3 个月。

（三）疾病防治

1. 疾病预防

（1）蛋鸡场卫生控制。蛋鸡场的地址、仪器设备、鸡场布局、环境卫生等都要符合 NY/T 5043 和 NY/T 388 标准的要求。蛋鸡场应当遵守“全进全出”原则，只从健康种鸡场引进鸡。在每批鸡出栏后，要对整个鸡场进行全面清理和杀毒。蛋鸡场里的禽饮用水应符合 NY 5027 标准。应当按照 NY/TSC-MS 标准对蛋鸡进行饲养管理。蛋鸡饲养使用的饲料应当和 NY 5042 的规定相符合。蛋鸡场的消毒和无害化处理应符合 GB/T 16569 和 GB 16548 标准的要求。

（2）用药控制。在蛋鸡整个成长发育和产蛋过程中所采用的兽药、疫苗应该和 NY 5040 的标准相一致，并按时进行监督检查。

（3）驱虫要求。每年春秋两季对整个鸡群进行驱虫，用药要符合 NY 5040 标准。

(4) 工作人员管理。工作人员要按时进行健康检查，取得健康合格证后才可以上岗，在工作中要严格根据 NY/T 5043 的要求进行操作。

(5) 免疫接种。免疫接种蛋鸡场应依据《中华人民共和国动物防疫法》及其配套法规的规定，结合蛋鸡场的实际情况，对疫病的预防接种工作有选择地进行，并注意选择适合的疫苗、免疫程序和免疫方法。

(6) 疫病监测。蛋鸡场应依照《中华人民共和国动物防疫法》及其配套法规的规定，结合蛋鸡场实际情况，制订疫病监测计划。对蛋鸡场疫病的常规监测最少应该包含：高致病性禽流感、鸡新城疫、禽白血病、禽结核病、鸡白痢与伤寒。除了以上的疾病外，还应该依据蛋鸡场实际情况，对其他一些必要的疾病进行监测。依据蛋鸡场的实际情况，由疫病监测机构定时或不定时进行疫病的监督抽查工作，并将抽查结果上报当地的畜牧兽医行政管理机构。

(7) 疫病控制和扑杀。在蛋鸡场发生疫病或疑似疫病时，应该按照《中华人民共和国动物防疫法》规定及时采取以下措施：蛋鸡场中的兽医应该立即进行诊断，并尽快向当地畜牧兽医行政管理部门报告疾病情况。对于确认的高致病性禽流感，蛋鸡场应配合当地畜牧兽医管理机构，对鸡群实施严格隔离、扑杀；鸡新城疫、禽白病、禽结核病等疫病发作时，应该对鸡群实施清理和净化；对全场进行全面清洗消毒，病死或失去治疗价值的鸡要按 GB 16548 标准进行无害化处理，按 GB/T 16569 标准进行消毒。鸡蛋中不能检查出以下病原体：高致病性禽流感、大肠杆菌 0157、李氏杆菌、结核分枝杆菌、鸡白痢与伤寒沙门氏菌。没有通过检疫检验的病鸡所产的蛋应根据 GB 16548 的规定进行处理。

（8）资料记录。每群蛋鸡都应该有相对应的资料记录，记录的内容应该包含：鸡的种类、来源、饲料消耗量、生产水平、发病情况、死亡率及死亡原因、无害化处理、实验室检验及其结果、用药和疫苗免疫情况。所有记录应在清群后保存两年以上。

2. 疾病治疗

（1）药物使用原则。鸡的养殖环境应该符合 NY/T 388 标准。使用的饲料和用水应该和 NY 5042 及 NY 5027 标准符合。应该根据 NY/T 5043 的规定加强饲养管理，运用各种手段减少应激，提升鸡的免疫力水平。应该根据《中华人民共和国动物防疫法》和 NY 5041 的要求对鸡进行免疫，建立严格的生物安全体系，减少鸡的发病率和死亡率，努力降低化学药品和抗生素地使用量。鸡的疫病要以预防为主，必要时，经准确诊断后用药。对疫病进行预防、诊断和治疗的过程中，所使用的药品必须符合《中华人民共和国兽药典》《中华人民共和国兽药规范》《兽药质量标准》《兽用生物制品质量标准》《进口兽药质量标准》和《饲料药物添加剂使用规定》的相关规定。所使用的药品必须产自拥有《兽药生产许可证》和产品批准文号的企业，或者具有《进口兽药许可证》的供应商。所使用药品的标签必须符合《兽药管理条例》的标准。

（2）禁用药。严禁使用有致畸、致癌、致突变作用的兽药；严禁使用长时间添加药物的饲料；严禁使用没有经过农业部允许的或者已经淘汰的兽药；严禁使用严重污染环境的兽药；对激素类和其他有激素作用及催眠镇静类药物要严禁使用；禁止使用没有经过国家畜牧兽医行政管理部门允许的利用基因工程方法制造的兽药。

（3）安全合理用药。

①对鸡蛋的免疫必须使用与《兽用生物制品质量标准》

和 NY 5041 标准相符的疫苗。

②对饲养环境和仪器的消毒可以使用消毒防腐剂。但禁止使用酚类消毒剂，禁止在产蛋期使用醛类消毒剂。

③《中华人民共和国兽药典》二部中规定的针对鸡的兽用中药材、中药成方制剂可以在兽医的指导下进行使用。但在产蛋期用药时应考虑残留性对鸡蛋的影响。

④可以在兽医的指导下使用符合《中华人民共和国兽药典》《中华人民共和国兽药规范》《兽药质量标准》和《进口兽药质量标准》规定的常量、微量元素营养药、电解质补充药，维生素类药和助消化药。

⑤可以使用国家兽药管理部门允许的微生态制剂。

（4）档案管理。

①对无公害食品蛋鸡饲养使用兽药的全部过程都要有详细的记录。在清群以后，所有的记录都应该保存两年以上。

②建立并保存免疫程序记录，包含疫苗类别、使用方法、数量、批号、生产单位。

③建立并保存患病动物防治记录，包括发病时间和症状、防治过程、药物品种、使用方法、药物名称、治疗效果等。

三、无公害水产品的生产技术

无公害水产品的生产技术包含水产品生产过程中的一整套环节，是一个统一的整体。

（一）产地选择

水产养殖场应该建立在当地的渔业和养殖规划区域中，以及上风向和水源的上游，周围没有影响场地安全的污染源；工业“三废”及农业、城镇生活、医疗废弃物等污染源应该不能或者无法直接影响到产地的环境；建场以前的土地使用，重金属、杀虫剂和除草剂（特别是长效化学剂）的残留量等应当符合水产养殖的标准。

无公害水产品产地生态环境质量应符合无公害水产品、渔业用水质量、大气环境质量和渔业水域土壤环境质量等标准。无公害水产品使用水的质量应该和《NY 5051—2001 无公害食品淡水养殖水质》《NY 1050—2001 无公害食品海水养殖水质标准》的标准相符合。无公害水产品生产对大气环境质量制定了对总悬浮颗粒物（TSP）、二氧化硫（SO_2）、氮氧化物（NO）的限制值。针对渔业水域地环境质量中的重金属和农药的含量也作了相关规定。

（二）生产技术规范

无公害水产品生产技术规范包含的内容有饲料、药品、肥料的使用、生产过程的质量管理和包装的工艺等。无公害水产品生产过程中药品、饲料、肥料的使用是影响水产品质量的主要因素，错误地使用不但会严重破坏环境，还会引起水产品中的有毒物质残留量不符合标准。

1. 鱼药使用规范

对人体健康和生态环境没有威胁是鱼用药物使用的基本要求。“全面预防，积极治疗”是养殖过程中对病、虫害防治的基本指导思想。在病虫害的防治中，我们要重视“防重于治，防治结合”的原则。鱼药使用应该和国家有关部门的规定相符合。倡导使用高效、快速、长效以及安全、经济的鱼药。对于没有生产许可证、批准文号以及没有生产标准的鱼药要杜绝使用。鱼药的使用应该与《NY 5071—2002 无公害食品鱼用药物使用准则》的要求相符，对于毒性强、残留多或者具有“三致”（致癌、致畸、致变态）的鱼药禁止使用，严重破坏水域环境而又使其难以恢复的鱼药要严厉禁止使用。禁止直接向养殖水域排放抗生素，禁止把新研制的人用药品作为鱼药的成分。严禁使用的鱼药有地虫硫磷、六六六、林丹、毒杀芬、滴滴涕等药品。

鱼药使用时应注意以下几个问题。

(1) 对症下药。针对水产动物疾病和它们的特点，做到对症用药，杜绝滥用鱼药和盲目加大用药量、增多用药次数或加大用药时间。

(2) 合理用药。对药物的性质和作用、药物对环境的影响以及鱼类对药物的反应特点有科学认识，合理使用药物。

(3) 控制用药。为了保障水产品的质量和养殖场地良好的生态条件，对药物的用量应该进行控制。倡导生态综合治理和使用水产专用药、生物性鱼药等对病虫害进行治理。当前，经常被用在防治细菌、病毒性水产养殖动物疾病和改善水域环境的进行整池泼洒的鱼药有氧化钙（生石灰)、漂白粉、二氯异氰尿酸钠等。杀灭和控制寄生虫性原虫病的鱼药主要使用的有氯化钠（食盐)、硫酸铜、美曲膦酯等。用于内服的主要药品有土霉素、噁喹酸、磺胺嘧啶和磺胺甲噁唑等。经常使用的中草药有大蒜、黄柏、五倍子、苦参等，中草药可以全池泼洒或者和饲料搅拌后一起内服。在稻田养殖无公害水产品的过程中对病、虫、草、鼠等有害生物的预防和治理要按照“预防为主、综合防治”的规则，对于化学农药要尽量少用，应该多用高效、低毒、残留少的农药，具体的使用标准应该参考《无公害食品稻田养色技术规范（NY 5055—2001）》《稻田养鱼技术规范（SC/T 1009—2006）》。在对稻田养殖使用药品前应该先升高稻田的水位，使用分片、隔日喷雾的施药方法，尽量避免药液落入水中，如果出现鱼类中毒倾向，要马上换水抢救。

2. 饲料使用规范

饲料是水产养殖的重要资料，为了保障水产品的质量，饲料的质量安全必须要给予足够的关注。我们所说的饲料安全，通常指的是饲料产品（包含饲料和饲料添加剂）中对水产养殖动物的健康没有损害，而且不包括污染水质的有害物质，不会影响人们的身体健康或对人类的生存环境没有不良影响。无公害水产养殖所用饲料应该和《GB 13078—2002 饲料卫生标准》以及《NY 5072—2002 无公害食品鱼用配合饲料安全限量》的规定相符。鱼用配合饲料的质量包含感官、物理指标、营养以及卫生四个指标，具体的要求是：感官上要求色泽统一，具有该饲料的固有气味，没有异味，没有发霉、变坏、结块等情况，没有鸟、鼠、虫污染，没有杂质。鳝、鳅、鳗鱼等食用的饲料经过加水搅拌后拥有很好的伸展性和黏弹性。物理指标粉料粒度：要求98%通过40目筛孔，80%通过60目筛孔。同时粉碎力度也是个重要指标，粒度过大，和胃液就不能很好接触，导致不容易消化，同时也会影响到颗粒饲料的黏合性能，水稳定性差；但粒度太小，则会产生很多粉尘，破坏环境，加大耗电量，使生产成本升高。混合均匀度：对虾和一般鱼饲料的要求是≤10%，鳝、鳅、鳗鱼饲料要求在8%以下。没有均匀混合的饲料，会阻碍动物的成长，减弱饲料的效果，甚至可能导致死亡。水稳定性：鱼、饲料在水中可经受3个小时的浸泡即可，饲料散失率要求小于3.0%。

营养指标主要指粗脂肪、必需脂肪酸、粗蛋白等养殖动物生长所需求的能量在饲料中的含量。卫生指标：饲料的卫生指标不但关系到动物的成长和饲料利用率，而且也影响着人类的健康。威胁饲料质量的各种有害物质包括：有害微生物，如霉菌、沙门菌等致病菌；有毒重金属，如汞、铅等；有毒的有机物，如棉酚农药残留物等。

3. 肥料使用规范

在养殖水体中使用肥料是提高水体生产能力的重要方法，

但如果操作不当（如过量）就会造成对水体的污染，导致养殖水体的富营养化。肥料的种类可以分为有机肥和无机肥，肥料的使用应该以腐熟有机肥为主、化肥辅助，以基肥为主、追肥辅助。有机肥的分解比较慢，但肥力的效果也会持续很长时间，可以在水稻较长的生长阶段内对其提供必要的养分，同时投放的饲料可以作为鱼类天然饵料的一部分，满足鱼类生长需要。没有发酵的有机肥施入田地后要消耗大量氧气，同时产生硫化氢、有机酸等有害气体和物质，如果数量太多会威胁到鱼类的安全。允许使用的有机肥料包括：堆肥、沤肥、绿肥、发酵粪肥等；允许使用的无机肥料包括：尿素、硫酸铵、复合无机肥料等。肥料的使用方法和标准可以根据《中国池塘养鱼技术规范（SC/T 1016—1995）》的规定。

4. 无公害水产品质量标准

无公害水产品质量要求包含水产品的感官指标、鲜度指标及安全卫生指标。安全卫生指标详细标准可以依据《NY 5073—2001 无公害食品水产品中有毒有害物质限量》和《NY 5070—2002 无公害食品水产品中鱼药残留限量》等规定。水产品在投入市场之前，应该进入休药期。一些常用药物的休药期为：漂白粉大于 5 周，二氯异氰尿酸钠、三氯异氰尿酸、二氧化氯大于 10 周等。

第三节　绿色农产品安全生产关键技术

一、绿色农产品生产种植技术

绿色农产品是按照特定的生产方式生产，经专门的机构认定许可使用绿色商品标志的无污染的安全优质食品，根据级别不同（如 A 级和 AA 级），生产种植过程中按照绿色农产品的标准，禁用或限制使用化学合成的农药、肥料、添加剂等生产资料及其他可能对人体健康和生态环境产生为害的物质，并实施“从土地到餐桌”全程质量控制。这也是绿色农产品工作运行方式中的重要部分，同时也是绿色农产品质量标准的核心，是绿色农产品达到“安全、优质、营养”要求的保障。绿色农产品生产种植过程中，在各个环节通过严密监测、控制，防范农药残留、放射性物质、重金属、有害细菌等对食品生产各个环节的污染，以确保绿色农产品产品的洁净，做到产品内在品质优良，营养价值和卫生安全指标高，同时，也包括外表包装达到相关标准。

绿色农产品生产既不同于现代农业生产，也不同于传统农业生产，而是综合运用现代农业的各种先进理论和科学技术，排除因高能量投入，大量使用化学物质带来的弊病，吸收传统农业中的农艺精华，使之有机结合成为新的生产方式。目前，我国种植业农产品及制品安全生产的主要影响因素来自4个方面：一是随着农业生产中化学肥料、化学农药等化学产品使用量的增加，一些有害的化学物质残留在农产中；二是工业废弃物污染农田，水源和大气，导致有害物质在农产品中聚集；三是绿色农产品生产、加工过程中，一些化学色素、化学添加不适当适用，使食品中有害物质增加；四是储存、加工不当导致的微生物污染。绿色农产品种植过程应严格执行产地环境标准、农药使用准则、肥料使用准则、包装通用准则等。

（一）绿色农产品种植环境的选择

绿色农产品生产基地的选择是指在绿色农产品（包括初级产品和产品原料）开发之初，通过对产地环境条件的调查研究和现场考察，并对产地环境质量现状作出合理判断的过程。绿色农产品产地是初级产品或原料的生长地，通过对生产基地的选择，可以全面地了解产地环境质量状况，可以减少许多不必要的环境监测，减轻生产企业的经济负担；以为保护产地环境、改善产地环境质量提供资料。调研和现场考察的主要内容包括：自然环境特征调查，包括气象、地貌、土壤肥力、水文、植被等；基地内社会、人群及地方病调查；收集基地土壤、水体和大气的有关原始监测数据；农业生产及土地利用状况调查，包括农作物种植面积以及耕作制度，近3年来肥料、农药使用情况；产地及产地周围自然污染源、社会活动污染源调查。产地的生态环境质量状况是影响绿色农产品质量的基础因素。造成农业环境污染的主要原因是过量使用化肥、农药和生物污染3个方面，如果动植物生存环境受到污染，就会直接产生影响和为害；可通过大气、水体、土壤等转移（残留）于动植物体内，再通过食物链造成食物污染最终为害人体健康。所以，开发生产绿色农产品或原料产地必须符合绿色产品生态环境质量标准的要求。绿色农产品生产基地一般应选择在空气清新、水质纯净、土壤未受污染，具有良好农业生态环境的地区，尽量避开繁华都市、工业区和交通要道。边远地区、农村农业生态环境相对较好，是绿色农产品生产基地的首要选择；一部分城市郊区受城市污染较轻或未受污染，农业生态环境现状好，也是绿色农产品产地选择的理想区域。生产绿色农产品产地的空气、土壤、水质，应经过专门机构监测，必须符合农业部《绿色农产品产地环境技术条件》（NY/T 391—2000）。

1. 大气

大气环境中主要污染物有总悬浮微粒（TSP）、二氧化硫（SO_2）、氮氧化物（NO_x）、氟化物、一氧化碳（CO）和光化化剂等。为此，要求产地及产地周围不得有大气污染源，如化工厂、垃圾堆放场、工矿废渣场等，特别是上风口没有污染源，大气环境质量要稳定，符合大气质量标准，即AA级绿色农产品要求1级清洁标准，其综合污染指数$P<0.6$；A级则要求1~2级清洁标准，其$P=0.6\sim1.0$。绿色农产品产地空气中各项污染物含量不应超过所规定的含量值（除特殊规定外，空气环境质量的采样和分析方法根据GB 3095的6.1，6.2.7和GB 9137的5.1和5.2规定执行）。

2. 水

对水的要求：除了对水的数量有一定要求外，更重要的对水环境质量的要求。应选择地表水、地下水质清洁无污的地区、水域，水域上游没有对该地区构成污染威胁的污染源。绿色农产品的产地应选择地表水、地下水水质清洁、无污染的地区。生产用水质量符合绿色农产品农田灌溉水环境质量指标。AA级绿色农产品要求1级清洁标准，其$P\leqslant0.5$级绿色农产品要求1~2级清洁标准，其$P=5\sim1.0$。绿色农产品产地农田灌溉水中各项污染物含量限值：pH值5.5~8.5，总汞、总镉、总砷、总铅、六价铬、氟化物含量限值分别为0.001、0.005、0.05、0.1、0.1、2.0毫克/升（采样和分析方法根据GB 5084的6.2和6.3规定执行）。灌溉菜园用的地表水需测粪大肠菌群，不得超过10 000（个/升），其他情况下不测粪大肠菌群。

3. 土壤

土壤污染有化学污染（垃圾、污水、畜禽加工厂、造纸厂、制革厂的废水）、生物污染（人、畜粪，医疗单位废弃物）、物理污染（施入土壤中的有机物质）、一些难降解的化学农药污染等方面。为此，绿色农产品生产前必须进行土壤环境监测。对土壤质量的要求是产地位于土壤元素背景值的正常区域，产地及周围无金属或非金属矿山，未受到人为污染，土壤中没有农药残留，特别是从未有施用过DDT和六六六的地块，而且要求土壤具有较高土壤肥力。对土壤中某些有富物质元素自然本底值较高的地区，不宜作为绿色农产品产地。绿色农产品生产（包括 AA 级和 A 级）皆按 1 级清洁标准执行，≤0.7。目前，执行的 NY/T 391—2000 标准将土壤按耕作方式的不同分为旱田和水田两大类，每类又根据土壤 pH 值的高低分 3 种情况，即 pH 值<6.5，pH 值=6.5~7.5，pH 值>7.5。

4. 土壤肥力

现行的绿色农产品产地环境质量标准土壤肥力作为参考标准。根据全国第二次土壤普查的结果，确定旱地、水田、园地、林地及牧地五类分级。绿色农产品的土壤质量参考这一分类方法，分为三级（Ⅰ级为优良、Ⅱ级为尚可、Ⅲ级为较差），适合于栽培作物土壤的评定，目的是通过调查生产土壤的能力等级使生产者了解土壤肥力状况，促进生产经营者增施有机肥，提高土壤肥力。生产 AA 级绿色农产品时，转化后的耕地土壤肥力要达到土壤肥力分级 1~2 级指标，生产 A 级绿色农产品时，土壤肥力作为参考指标，土壤肥力测定方法见 GB 7173、GB 7845、GB 7853、GB 7856、GB 7863。

5. 气候条件等其他条件

选择绿色农产品的生产种植环境时，还要充分考虑具体作物的气候条件要求。如绿色荔枝生产环境，必须满足如下气候条件：年平均气温 21~23℃，1 月平均温度 13~17℃，冬季绝对低温 ≥-1℃，年降水量 1 500~2 100 毫米，日照时数 1 800~2 100 小时，年霜日<150 天。冬季较少冷空气积聚，风害、霜冻为害较轻。此外，选择产地环境时，也要综合考虑其他因素如交通便利，水源充足，排灌方便，种植荔枝的山地、丘陵地坡度 15°以下等。

(二) 绿色农产品生产的种子（苗）检疫及选择

不是所有种子（苗）都能用于绿色农产品生产。绿色农产品生产的特殊性要求绿色农产品种子（苗）是一类特殊的生产资料，绿色农产品种子（苗）也不等同于一般的良种（苗），良种（苗）是具有品质优、质量高、抗病虫、抗逆性强和适应广等优良特性，但具这些特性的种子（苗）未必都是适合于绿色农产品生产，如转基因品种良种（苗）虽然具有良种（苗）的特性，但由于安全性原因不能用作绿色农产品种子。

绿色农产品种子（苗）开发的目的是为绿色农产品生产提供优质、高产、杭病虫害、抗逆性强和适应性广，不携带任何严重病虫害源的优良种子（苗），以减少对环境条件、生产条件的依赖，从而减少使用或不使用化学农药，防止对环境的污染，切实保障绿色农产品生产的安全质量。种子、种苗的选择判断因作物不同而有具体的要求，总体目标是尽量做到优质性、适应性、丰产性、抗逆性相统一。具体应把握以下几点。

1. 品种健康安全

品种健康安全是绿色农产品种子（苗）的基本属性。一方面种子（苗）内在基因不会对人类及生物链产生不良影响，如转基因种子就因其安全评价性因素，禁止应用于绿色农产品种子（苗）；另一方面品种对周围环境，如大气、水域、土壤等安全，不会产生或携带有毒、有害气（物）体。品种具有较高的抗逆行，且自身不携带检疫对象和其他病虫害源。安全性还包括该物种不对当地植物群落的侵害。选用品种的综合抗性好，特别是对生产上易发生的主要病虫害抗性好，从而降低生产过程中的农药使用次数和使用量，保证产品食用安全且降低成本。

2. 品种品质优良

品种品质优良是绿色农产品种子（苗）的商品属性，包括加工品质、外观品质、蒸煮和食用品质、储藏品质达到优良标准。绿色农产品品种质量要优，能适应市场发展和人民生活需要，同时能带来较好效益。

3. 品种营养性好

品种营养性好是绿色农产品种子（苗）的营养属性，品种营养品质指种子中蛋白质、氨基酸及各种矿物质元素的高低。生产绿色农产品的宗旨是满足人类消费需要，因而品种必须具有高营养、高品质特征基因。

4. 品种依赖性强

品种依赖性强绿色农产品种子的复合属性。绿色农产品种子（苗）依存于优良的生态环境，依存于绿色生产资料的互助，依存于优良种养技术的配套，这充分反映品种、资源、环境三要素密不可分的关系。

5. 良好的品种适应性

好的品种适应性是绿色农产品种子（苗）的生物属性，只有品种与环境的良好互作，才可具备高产、优质农产品的潜能。品种的生长期要能满足当地气候条件、茬口的要求，适应性好。

6. 品种应通过审定

绿色农产品生产所选用品种应是通过了审定的品种，至少应选用已进入中试或多点试验并具有一定的示范面积，综合性状表现好，有望通过审定。如此类农产品品种确实没有相关审定程序，则应是经当地多年生产实践证实优良、稳定的品种。

例如，为了保证绿色农产品水稻的正常生产，用于绿色农产品水稻生产的种子，应严格按照粮食种子质量标准 GB 4044—1984 的水稻二级以上良种标准执行，即种子纯度不低于 98%，净度不低于 97%。发芽率：粳稻不低于 93%；籼稻不低于85%。含水量：籼稻13%以下，粳稻14.5%以下。杂交水稻纯度不低于97%，发芽率不低于93%，含水量不高于13%，杂草种子每千克不高于5粒。良种应进行精选、加工、包装，提倡使用包衣种子。

《绿色农产品生产资料证明商标管理办法》第八条中明确规定：鼓励和引导绿色农产品企业和绿色农产品原料生产基地使用绿色农产品生产资料。绿色农产品种子（苗）是绿色农产品生产资料的主要要素之一，我们要加快发展绿色农产品种子种苗产业，为绿色农产品生产提供一批抗病虫害、抗逆性强、适应性广的优质种子种苗资源。主要措施包括以下几个方面。

（1）通过区域试验和生产试验，尽快选出大批良种，以满足绿色农产品生产的需要。目前，我国绿色农产品事业发展健康快速，急需选出大批优质的良种在绿色农产品生产中推广应用。

（2）加强科学研究，在选育优质农产品品种上有所突破。加强对优质农作物品种的研究，以满足绿色农产品国内外市场的需要。加快生产脱毒种苗和苗木以满足绿色农产品生产上的需要。

（3）对我国传统的竞争力强的农产品加以纯化和优化。如砀山梨、莱阳梨、水蜜桃、板栗、红小豆等中国传统农产品国际市场均有一定竞争力，需要进一步提高质量档次，打造成为绿色农产品名牌农产品。

（4）积极引进国外优良品种。对于国外一些优良品种如蔬菜、瓜果等，我国已引进进不少好的品种，应当优中选优，进一步提高引进品种的纯度和水平。引进外国品种必须经过严格的检疫，必须注意其抗逆性和适应性，严禁选用转基因品种，谨防假冒伪劣品种。

（三）绿色农产品生产的肥料施用

1. 绿色农产品生产肥料使用原则

肥料使用必须满足作物对营养元素的需要，使足够数量的有机物质返回土壤，以保持或增加土壤肥力及土壤生物活性。所有有机或无机（矿质）肥料尤其是富含氮的肥料应对环境和作物（营养、味道品质和植物抗性）不产生不良后果方可使用。

绿色农产品生产中肥料的使用原则是：保护和促进使用对象的生长及品质的提高；不造成使用对象生产和积累有害物质，不影响人体健康，对生态环境无不良影响。《绿色农产品肥料准则》规定允许使用的肥料有七大类 26 种，如 AA 级绿色农产品生产过程中，除可使用铜、铁、锰、锌、硼、钼等微量元素及硫酸钾、煅烧磷酸盐外，不准施用其他化学合成肥料。A 级绿色农产品生产过程中则允许使用部分化学合成肥料（但仍禁止使用硝态氮肥），以对环境和作物（营养、味道、品质和抗物抗性）不产生不良后果的方法使用。

2. 绿色农产品生产的肥料种类

为了确保绿色农产品的质，必须合理选择和使用肥料，防止化肥对生产食品的污染。根据《中华人民共和国农业行业标准绿色农产品肥料使用准则》（NY/T 394—2000）规定，绿色农产品生产中可以使用肥料的种类包括农家肥料、商品肥料和其他肥料三大类。具体绿色农产品生产中肥料的使用要求如下。

AA 级绿色农产品生产允许使用的肥料种类包括：①上述的农家肥料；②经专门机构认定，符合绿色农产品产要求，并正式推荐用于 AA 级和 A 级绿色农产品生产的生产资料肥料类产品；③在上述两项不能满足 AA 级绿色农产品生产需要的情况下，允许使用上述的商品肥料。

A 级绿色农产品生产允许使用的肥料种类包括：①所有可用以生产 AA 级的肥料种类；②经专门机构认定，符合 A 级绿色农产品生产要求，并正式推荐用于 A 级绿色农产品生产的生产资料肥料产品；③在上述两项所列肥料不能满足 A 级绿色农产品生产需要的情况下，允许使用掺合肥（有机氮与无机氮之比不超过 1∶1）。所谓掺合肥，就是在有机肥、微生物肥、无机（矿质）肥、腐殖酸肥中按一定比例掺入化肥（硝态氮肥除外），并通过机械混合而成的肥料。

3. 绿色农产品生产中肥料使用准则

（1）必须选用 A 级绿色农产品生产允许使用的肥料种类，如不能够满足生产需要，允许按下列（2）和（3）的要求使用化学肥料（氮、磷、钾）。但禁止使用硝态氮。

（2）化肥必须与有机肥配合施用，有机氮与无机氮之比不超过 1∶1，例如，施优质厩肥 1 000 千克加尿素 10 千克（厩肥作基肥，尿素可作基肥和追肥用）。对叶菜类最后一次追肥必须在收获前 30 天进行。

（3）化肥也可与有机肥、复合微生物肥配合施用。厩肥 1 000 千克，加尿素 5~10 千克或磷酸二铵 20 千克，复合微生物肥料 60 千克（厩肥作基肥，尿素、磷酸二铵和微生物肥料作基肥和追肥用）。最后一次追肥必须在收获前 30 天进行。

（4）城市生活垃圾一定要经过无害化处理，质量达到 GB 8172 中 1.1 的技术要求才能使用。每年每公顷农田限制用量，黏性土壤不超过 45 000 千克，沙性土壤不超过 30 000 千克。

（5）秸秆还田的同时还允许用少量化肥调节碳氮化。

（6）其他使用原则，与生产 AA 级绿色农产品的肥料使用原则相同。

4. 绿色食品生产中肥料使用的注意事项

(1) 以施用有机肥为主。有机肥料对提高农产品质量有重要作用。首先是提高土壤肥力。土壤肥力指标是绿色农产品生产中土壤环境质量标准的重要组成部分。施用有机肥料是保持和提高土壤肥力的主要途径。有机肥料能够使土壤疏松、肥沃，促进作物健壮生长，增加抗病虫害等抗逆能力，达到优质和高产。其次是减轻土壤污染，土壤有机质能与重金属元素产生中和或螯合作用，吸附有机污染物，从而减轻对植物食品的为害。再次是能增加有机肥中的有机氮、磷、氨基酸、核酸，能明显增加作物蛋白质、糖、维生素以及芳香物质的含量，增加干物质比例，从而使食品品质、风味、耐储藏性提高，色泽、外观等明显改善。这种特殊作用是化肥所不能替代的。所以，绿色农产品生产中应尽量以施用有机肥为主。

应该指出的是，在我国现代高产优质农业中，每年每公顷施用有机肥75 000千克（每亩5 000千克）以上才能满足作物的需求，且对改善品质的作用明显。

只有实行有机肥与化肥配合施用，才能取得优质高产的效果。

(2) 有机肥、农家肥必须进行无害化处理。开发和应用商品有机肥是有机肥料发展的一个新领域，适应市场经济需求，在产品质量上具有可靠性，可作为绿色农产品生产的主要肥料之一。目前，商品有机肥主要有三大类：①城市垃圾堆肥，主要分布于大城市，以解决城市垃圾污染为目的的，实现垃圾肥料商品化，取得较好的综合效益。②活性有机肥料，以畜禽粪和农副产品加工下脚料为主要原料，经加入发酵微生物进行发酵脱水和无害化处理而成，是优质有机肥料。③腐殖酸、氨基酸类特种有机肥料，富含有机营养成分和植物生长调节剂，可制成液体肥料用于叶面喷施。绿色农产品生产应把握住有机肥无害化这一关，施用的有机肥料需进行无害化处理。施用未经无害化处理的有机肥料可能给食品带来的污染会比化肥更严重、更难预防。对可能受污染的，尤其是化学污染较重的有机肥禁止使用。化学污染是生活垃圾中有害物质含量超标的重要因素。主要来源于电池、电器、油漆、颜料添加剂中的有机污染物，城市垃圾、人畜粪便等有机废物含有大量的病原体，这些病毒在土壤中存活时间较长。据调查，花菜、黄瓜、扁豆及茄果蔬菜受大肠杆菌污染较重，马铃薯、笋、萝卜、葱、白菜受寄生虫卵污染较重。

生产绿色农产品的农家肥料无论采用何种原料（包括人畜禽粪尿、秸秆、杂草、泥炭等）制作堆肥，必须高温堆肥发酵，以杀灭各种寄生虫卵和病原菌、杂草种子，使之达到无公害化卫生标准。高温堆肥处理，温度在50~55℃处理18天，大肠菌值降到10^{-1}，蛔虫卵死亡率达到100%，各种蝇蛆、蛹，成虫死亡率达到100%，能够达到有机肥无害化的标准。绿色农产品生产禁止“生粪下地”。农家肥料，原则上就地生产就地使用。外来农家肥料应确认符合要求后才能使用。

（3）可适时限量使用化肥。如果有机肥不足，可适时适量施用符合规定的化肥。化肥能够补充土壤养分，平衡作物营养，从而促进生长，提高品质。作物从化肥中吸取的养分与从有机肥中吸取的同一种养分元素作用是完全一样的。

（4）平衡施肥。在绿色农产品生产中要重视平衡施肥技术。平衡施肥要做好“测土、配方、配肥、供肥和施肥技术指导”5个环节的工作。从根本上改变盲目施肥的习惯，有效控制氮肥的用量不致造成嗜性吸收引起食品硝酸盐含量超时，使化肥的利用率由当前的30%提高到45%以上，节本增收的效果十分显著。生产中化肥必须与有机肥配合施用，努力做到配方施肥。根据作物特性适当增减某一成分，如甘薯是需钾量较大的作物，要注意增施钾肥，使 N、P、K 比例达到适宜的水平，确保甘薯的正常生长和安全生产。

(5) 施用合格肥料。商品肥料及新型肥料必须通过国家有关部门的登记认证及生产许可，质量指标应达到国家有关标准的要求。因施肥造成土壤污染、水源污染，或影响农作物生长、国家产品达不到卫生标准时，要停止施用该肥料，并向专门管理机构报告，用其生产的肥料不能继续使用绿色农产品标志。

(四) 绿色农产品生产农药的使用

1. 农药使用的原则

绿色农产品生产应从作物病虫草等整个生态系统出发，优先采用农业措施，通过选用抗病抗虫品种，非化学药剂种子处理，培育壮苗，加强栽培管理，中耕除草，秋季深翻晒土，清洁田园，轮作倒茬、间作套种等一系列措施，创造不利于病虫草害滋生和有利于各类天敌繁衍的环境条件，保持农业生态系统的平衡和生物多样化，起到防治病虫草害的作用，减少各种类病虫草害所造成的损失。农药使用只是在有害生物发生较严重，明显超出经济阈值时，才用应急防治措施。使用农药时，应遵循符合 A A 级或 A 级绿色农产品生产的《中华人民共和国农业行业标准绿色农产品农药使用准则》(NY/T 393—2000)。

2. 允许使用的农药

绿色品生产的病、虫、草害防治应尽量利用灯光、色彩诱杀害虫，机械和人工除草等措施，特殊情况下必须使用农药时，应从以下农药中选择合适的品种科学使用。

(1) 生物源农药。直接利用生物活体或生物代谢过程中产生的具有生物活性的物质或从生物体提取的物质作为防治病虫害的农药，包括微生物源农药、活体微生物农药、动物源农药和植物源农药。

微生物源农药中，农用抗生素：防治真菌病的灭瘟素、春雷霉素（多氧霉素），井冈霉素、农抗 120、中生菌素等。防治类的浏阳霉素、华光霉素，活体微生物农药中，真菌剂：蜡蚧轮枝菌等，细菌剂：苏云金杆菌、蜡质芽孢杆菌等及抗菌剂。病毒：核多角体病毒。

动植源农药中，昆虫信息素（或昆虫外激素）如性信息素。活体制剂寄生性、捕食性的天敌动物。

植物源农药中，杀虫剂：除虫菊素酮、烟碱植物油等。杀菌剂：大蒜素。驱避剂：印楝素、川楝素。增效剂：芝麻素。

（2）矿物源农药。有效成分起源于矿物的无机化合物和石油类农药，包括无机杀螨杀菌剂和矿物油乳剂（如柴油乳剂等）无机杀螨杀菌包括硫制剂（硫悬浮剂、可湿性硫、石硫合剂等）、铜制剂（硫酸铜、王铜、氢氧化铜、波尔多液）等。

（3）有机合成农药。由有机化学工业生产的商品化的一类农药，包括中等毒和低毒类杀虫螨剂、杀菌剂、除草剂。

3. 绿色农产品生产中禁用或限制使用的农药品种

（1）国家明令禁止使用的农药。六六六、（HCH）、滴滴涕（DDT）、毒杀、二溴氯丙烷、杀虫脒、二溴乙烷（EDB）、除草醚、艾氏剂、狄氏剂、汞制剂、砷铅类、敌枯双、氟乙酰胺、甘氟、毒鼠强、氟乙酸钠、毒鼠硅、甲胺磷、甲基对硫磷、对硫磷、久效磷、磷胺。

（2）不得使用和限制使用的农药。甲基异柳磷、特丁硫磷、甲基硫环膦、治螟磷、内吸磷、克百威（呋喃丹）、涕灭威、灭线磷、硫环磷、蝇毒磷、地虫硫磷、氯唑磷、苯线磷等高毒农药不得用于蔬菜、果树、茶叶、中草药材上。三氯杀螨醇、氰戊菊酯不得用于茶树上。任何农药产品的使用都不得超出农药登记批准的使用范围。

二、绿色农产品生产养殖技术

在现有的绿色农产品生产体系中，畜牧养殖业、水产养殖业和种植业是最重要的三大领域。发达国家的经济发展过程表明，随着人们生活水平的提高，人均占有畜禽产品和水产品的比例不断提高，因此，掌握绿色农产品生产中养殖管理原则具有要现实意义。从产业链角度看，绿色农产品生产养殖是个系统化的生物工程，其主要技术既包括生产前的产地环境的选择、饲料原料的种植生产与加工，也包括养殖（饲养）管理、疫病控制、质量监测等生产环节的管理，还包括屠宰、冷却、冷冻，肉制品深加工、包装、运输和上市等属于生产后期的技术环节。实践证明，绿色农产品生产养殖的链条越完整，产品就越能出自“最佳的生态环境”“从土地到餐桌全程的质量控制”越能得到充分的保障。

产地环境调查与选择

1. 产地环境调查

产地环境质量状况是影响绿色农产品质量的基础因素之一，绿色农产品生产养殖产地环境必须按照绿色农产品生产基地的标准进行建设与管理。中国绿色农产品发展中心编制了中华人民共和国农业行业标准——《绿色农产品产地环境调查、监测与评价导则》（NY/T 1054—2006），导则立足现实，兼顾长远，以科学性、准确性和可操作性为原则，规范绿色农产品产地环境质量现状调查、监测与评价的原则、内容和方法，科学、正确地评价绿色农产品地环境质量，为绿色农产品认证提供科学依据。产地环境现状调查的目的科学准确地了解产地环境质量现状，为优化监测布点提供科学依据。根据绿色农产品产地环境特点，重点调查产地环境质量现状、发展趋势和区域污染控制措施，兼顾产地自然环境、社会经济及工农业生产对产地环境质量的影响。

绿色农产品产地环境质量调查由省（市）绿色农产品委托管理机构负责组织对申报绿色农产品及其加工产品原料生产基地的农业自然环境概况、社会经济概况和环境质量状况进行综合现状调查，并确定布点采样方案。综合现状调查采取收集资料和现场调查两种方法。首先应搜集有关资料，当这些资料不能满足要求时，再进行现场调查，如果监测对象能提供一年内有效的环境监测报告或续展产品的产地环境质量无变化，经省（市）绿色农产品委托管理机构确认，可以免去现场环境检测。

绿色农产品产地环境质调查内容包括如下 4 个方面。

（1）自然环境与资源概况。包括地理位置、地形地貌、地质等自然地理：所有区域的主要气候特征，年平均风速和主导风向、年平均气温、极端气温与月平均气温，年平均相对湿度，年平均降水量，降水天数，降水量极值，日照时数，主要天气特性等气候与气象因素；该区域地表水（河流、湖泊等）、水系、流域面积、水文特征、地下水资源总量及开发利用情况等水文状况，以及土壤类型、土壤肥力、土壤背景值、土地利用情况（耕地面积）等上地资源因素；林木植被覆盖率、植物资源、动物资源、鱼类资源等植被及生物资源，以及旱涝、风灾、冰雹、低温、病虫害等自然灾害。

（2）社会经济概况。包括行政区划、人口状况、工业布局、农田水利、农牧林渔业发展情况和工农业产值、农村能源结构情况等。

（3）工业“三废”及农业污染物对产地环境的影响。主要包括：工矿乡镇村办企业污染源分布及“三废”处理情况；地表水、地下水、农田土壤、大气质量现状；农药、化肥、地膜等农用生产资料的使用情况及对农业环境的影响和为害。

(4) 农业生态环境保护措施。主要包括污水处理、生态农业试点情况、农业自然资源合理利用等情况。

根据调查，应出具产地环境质量现状调查报告。报告主要应包括如下内容。产地基本情况：产地灌溉用水环境质量分析；区域环境空气质量分析；产地土壤环境质分析；综合分析产地环境质量现状，确定优化布点监测方案；根据调查、了解、掌握的资料情况，对中报产品及其原料生产基地的环境质量状况进行初步分析，出具调查分析报告，注明调查时间，调查人应签名。

2. 产地环境的选择

(1) 地形、地势和场所。绿色农产品畜禽产品、水产品养殖基地的场应根据养殖对象具体而定，如养殖鸡场应建在地势高燥、向阳的地方，远离沼泽湖洼，避开山坳谷底，通风良好，南向或偏东南向：地面平坦或稍有坡度，排水便利；地形开阔整齐。对养殖场地有一定的规模要求，如池塘养鳖，单个池塘面积以2 000~6 000平方米为宜，水深2~2.5米，池底淤泥不超过20厘米。开展绿色农产品级的鲢、鳜鱼养殖生产，最好选择在正常库容量10万~100万立方米，集雨面积在30公顷以上的山塘或小中型水库中进行，同时要根据实际情况采用山塘养殖、水库养殖、围栏养殖或网箱养殖，并按专业要求设置和建设养殖场所，做好养殖前准备工作。

场址应远离居民区，有足够的卫生防疫间隔。不能建在屠宰厂、化工厂等容易造成环境污染企业的下风向和污水流经处、货物运输道路必经处或附近。场址选择应遵守社会公共卫生准则，其污物、污水不得成为周围社会环境的污染源。

（2）地质、土壤。一般畜禽养殖基地应避开断层、滑坡、塌陷和地下泥沼地段，要求土壤透气性和透水性强、质地均匀、抗压性强，以沙壤土类最为理想。土壤质量要求与绿色农产品生产种植基地土壤质量要求一致，均必须符合《绿色农产品产地环境技术条件》（NY/T 391—2000）的要求。

（3）气候、环境。场区所在地有较详细的气象资料，便于设计和组织生产。环境安静，具备绿化、美化条件。无噪声干扰，无污染。大气质量要求与绿色农产品生产种植基地土壤质量要求一致，均必须符合《绿色农产品产地环境技术条件》（NY/T 391—2000）的要求。

（4）水源、水质。水源充足，水质良好，无工业、生活污染源，进排水方便，能满足生产、生活和消防需要，各项指标参考生活饮用水要求。注意避免地面污水下渗污染水源。水源水质、底泥等产地环境应符合绿色农产品生产要求的规定。

水产养殖对水源质量要求较高，创造一个适合拟养殖的水产品生活的良好环境是生产优质水产品的前提，尤其是淡水养殖，如果达不到理想条件，则需要采取适当措施。主要措施包括消毒和种水草。

（5）池塘消毒。苗种放养前须先进行池塘修整和用药物清塘，清塘的主要目的是：一是杀死有害动物和野杂鱼，减少敌害和争食对象。二是疏松底土，改善底层通气条件，加速有机物转化为营养盐类，增加池水的肥度。三是杀死细菌、病原体、寄生虫及有害生物，减少病害的发生。四是清出的淤泥，既可作肥料，又可加深池塘的深度，晒干后的淤泥还可用于补堤。

第四节 有机农产品安全生产关键技术

一、有机农产品种植技术

（一）产地环境与选择

1. 环境条件

有机农业生产需要在适宜的环境条件下进行。农业环境影响有机农产品的数量和质量。有机生产基地是有机农产品初级产品、加工产品、畜禽饲料的生长地，产地的生态环境条件是影响有机农产品的主要因素之一。因此，开发有机农产品，必须合理选择有机农产品产地。通过产地的选择，可以全面地、深入地了解产地及产地周围的环境质量状况，为建立有机农产品产地提供科学的决策依据，为有机农产品产品质虽提供最基础的保障条件。

环境条件主要包括大气、水、土壤等环境因子，虽然有机农业不像绿色农产品有一整套对环境条件的要求和环境因子的质量评价指标，但作为有机农产品生产基地应选择空气清新、水质纯净、土壤来受污染或污染程度较轻，具有良好农业生态环境的地区；生产基地应避开繁华的都市、工业区和交通要道的中心，在周围不得有污染源，特别是上游或上风口不得有有害物质或有害气气排放，农田灌溉水、渔业水、畜禽饮用水和加工用水必须达到国家规定的有关标准。在水源或水源周围不得有污染源或潜在的污染源；土壤重金属的背景值位于正常区域，周围没有金属或非金属矿山，没有严重的农药残留、化肥、重金属的污染，同时，要求土壤有较高的土壤肥力和保持土壤肥力的有机肥源；有充足的劳动力从事有机农业的生产。

2. 生态条件

有农业生产基地除了具有良好的环境条件外，基地的生态条件也是保证基地可持续发展的基础条件。

基地的土壤肥力及土壤检测结果分析：分析土壤的营养水平和有机农业的土壤培肥的措施。

基地周围的生态环境：植被的种类、分布、面积、生物群落的组成；建立与基地一体化的生态调控系统，增加天敌等自然因子对病虫害的控制和预防作用，减轻病虫害的为害和生产投入。

基地内的生态环境：地势、镶嵌植被、水土流失情况和保持措施。若存在水土流失，在实施水土保持措施时，选择对天敌有利，对害虫有害的植物，这样既起到水土保持的作用，又提高基地的生物多样性。

隔离带和农田林网建立：应充分明确隔离带的作用，建立隔离带并不为了应付检查的需要，隔离带一方面起到与常规农业隔离的作用，避免在常规农田种植管理中施用的化肥和喷洒的农药渗入或漂移至有机田块，所以，隔离带的宽度建立在周围作物的种类和作物生长季节的风向；另一方面隔离带是有机田块的标志，起到示范、宣传和教育的作用。所以，隔离带树种和类型（多年还是1年生、乔木还是灌木、诱虫植物还是驱虫植物等）。

当地主要的作物轮作模式及作物的采收期：传统的种植模式已形成了当地的固有的生物组成，了解当地传统的种植模式，可以减少打破这一种植模式后害虫暴发的风险和预防措施，了解作物的种植期、收获期，为建立天敌的中介植物和越冬植物提供依据。

（二）种子、种苗的选择和处理

有机生产禁止使用化学合成的农药。虽然在栽培过程中不可避免地遭受到一些病虫害的侵袭，然而由于作物品种繁多，不同品种的作物对病虫害的抗性有很大差异，所以制订生产计划时应根据当地病虫害发生的有关资料，尽可能选择种植一些抗性较强的品种。另外，所选品种还需适应当地的土壤和气候特点，并且品种选择中应充分考虑保护作物的遗传多样性，避免大规模种植单一品种。

有机生产选择有机种子或种苗。当从市场上无法获得有机种子或种苗时可以选用未经禁用物质处理过（如化学包衣种子）的常规种子或种苗，但应制订获得有机种子和种苗的计划。种子质量应符合 GB 16715 的相关要求。

应用有机方式育苗，根据季节条件的不同选用日光温室塑料大棚、连栋温室、阳畦、温床等育苗设施，夏、秋季育苗还需配有防虫、遮阳设施，有条件的可采用穴盘育苗和工厂化育苗，并对育苗设施进行消毒处理，创造适合幼苗生长发育的环境条件。育苗基质应符合土壤培肥的肥料要求，因地制宜地选用无病虫源的田土、腐熟农家肥、草炭、糠灰等，按一定比例配制而成。良好的育苗要求孔隙度约 50%，pH 值 6~7，速效磷 100 毫克/千克以上，速效钾 100 毫克/千克以上，速效氮 150 毫克/千克，疏松、保肥、保水、营养完全。

有机生产提倡培育健苗、壮苗和无病虫苗。

（三）土壤管理和施肥

1. 土壤培肥理论

有机农业论认为，土壤是个有生命的系统，施肥首先是肥沃了，会增殖大量的微生物，再通过土壤微生物的作用供给作物养分；常规农业则是以大量的化肥来维持高产量。

一般认为，土壤化学性质的改善靠施肥，物理性质的改善靠深耕和施用有机肥，生物性质的改善靠有机物及微生物，而有机农业土壤培肥是以根系—微生物—土壤的关系为基础，进行综合考虑后，再采取措施，使二者的关系协调，通过综合性地改善土壤的物理、化学、生物学特性，使根系—微生物—土壤的关系协调化。

2. 有机农业培肥技术

（1）肥料种类。肥料种类的选择要求：有机化、多元化、无害化和低成本化。肥料的种类包括农家肥、矿物肥料、绿肥和生物菌肥。

农家肥是有机农业生产的基础，适合小规模生产和分散经营模式；是综合利用能源的有效手段，是有机农业低成本投入的有效形式。可促进有机农业生产种植与养殖的有效结合。可实现低成本的良性物质循环。例如，以种植业为主的有机基地，将种植与养殖结合，既可以为作物和牧草提供优质的有机肥，又可将秸秆等废弃物得到综合利用。有机肥的种类很多，施用方法多样。

（2）土壤培肥技术。合理轮作、用地与养地结合是不断培育土壤现有机农业持续发展的重要途径，关于有机农业土壤的综合培肥的实践应从以下几个方面入手。

①水：水是最宝贵的资源之一，也是土壤活跃的因素，只有合理地排灌才能效地控制土壤水分，调节土壤的肥力状。以水控肥是提高土壤水和灌溉水利用率的很有效的方法。根据具体情况，确定合理的灌溉方式，如喷灌、滴灌和渗灌（地下灌溉）等。

②肥料：肥料是作物的粮食，仅靠土壤自身的养分是不可能满足作物的需要的，因此，广辟肥源、增施肥料是解决作物需肥与土壤供肥矛盾以及培肥土壤的重要措施。首先要增施机肥，加速土壤熟化。一般来说，土壤的高度熟化是作物高产稳产的根本保证，而土壤的熟化主要是活土层的加厚以及有机肥

的作用。有机肥是培肥熟化土壤的物质基础，有机、无机矿物源肥料相结合，既能满足作物对养分的需求，又能增加土壤的有机质含量土壤的结构，是用养结合的有效途。

③合理轮作：合理轮作，用养结合，并适当提高复种指数。复种指数的提高并不是越高越好，关键是要合理，合理地安排作物布局，能充分有效地维持和提高土壤肥力，用养结合是实现高产稳产的手段，也是提高土壤肥力的有效措施。如与豆科作物轮作，利用豆科的生物固氮作用增加土壤中氮素积累，为下或当茬作物提供更多的氮素营养。

④土地耕作：平整上地、精耕细作、蓄水保墒、通气调温是获取持续产量的必要条件。土地平整是高产土壤的重要条件，可以防止水土流失，提高土壤蓄水保墒能力，充分发挥水肥作用。地面平整还能保证排灌质量，协调土壤水气矛盾，保证作物正常生长；土壤耕作则是指对土壤进行耕地、耙地等农事操作，通过耕作可以改善土壤耕层和地面状况，为作物播种、出苗和健壮生长创造良好的土壤环境。同时，耕层的疏松还有利于根系发育以及保墒、保温、通气以及有机质和养料的转化。

总之，有机农业的土壤的培肥不是一朝一夕的事情，不仅要做到土壤水、肥、气、热等因子之间的相互协调，还要使这种协调关系持续不断地保持下去，才能达到持续稳产的目的。

（四）病虫草害控制

1. 病虫害草防治的基本原理

有机农业是一种完全或基本不用人工合成的化肥、农药、除草剂、生长调节剂的农业生产体系。要求在最大的范围内尽可能依靠作物轮作、抗虫品种，综合应用各种非化学手段控制作物病虫草害的发生。它要求每个有机农业生产者从作物病虫草等生态系统出发，综合应用各种农业的、生物的、物理的防治措施，创造不利于病、虫、草滋生和有利于各类自然天敌繁衍的生态环境，保证农业生态系统的平衡和生物多样化，减少各类病虫草害所造成的损失，逐步提高土地再利用能力。达到持续、稳定增产的目的。所以，有机农业与常规农业的根本点在于土壤培肥和病虫草害防治技术的不同。这样，从事有机农业生产，既可保护环境，减少各种人为的环境及食品污染，又可降低生产成本，提高经济效益。

常规农业病虫害防治的策略是治理重于预防（对症下药、合理用药），着眼点是作物——害虫，以害虫为核心，以药剂为主要手段，有机农业病虫害防治的策略是以预防为主，使作物在自然生长的条件下，依靠作物自身对外界不良环境的自然抵御能力提高抗病、虫的能力，人类的工作是如何培育健康的植物和创造良好的环境（根部、树冠和周围的环境条件），对害虫采取调控而不是消灭的“容忍哲学”，有机农业允许使用的药物也只有在应急条件下才可以使用，而不足作为常规的预防措施。所以，建立不利于病虫害发生而有利于天敌繁衍增殖的环境条件是有机生产中病虫害防治的核心。

2. 植物病害防治技术

(1) 植物病害的诊断技术。植物病害的诊断包括田间（宏观）诊断和室内（微观）诊断，田间诊断要特别注意观察病株的分布特点，然后仔细观察病株地上部和地下部各个器官，找出发病部位，必要时借助放大镜全面观察记载病状和病症，找准典型症状。在观察症状的同时，观察和了解建立地土壤的质地和性质、地形地势、周边环境、气候条件、栽培管理措施等，综合观察和了解的情况，根据发生特点，判断是传染性病害还是非传染性病害，当田间诊断不足以判断时，要结合室内的检查和分析来鉴定。

(2) 植物病害的防治方法。

①植物检疫：植物检疫又称法规防治，就是利用立法和行政措施防止有害生物的人为传播，这是强制性和预防性的措施，是植物病害防治的第一道措施和防线。人为传播即随人类的生产和贸易活动而传播，其主要载体是被有害生物侵染或污染的种子、苗木、农产品包装材料和运输工具等，其中种子、苗木和无性繁殖材料尤为重要。

②农业措施：农业措施又称环境管理或栽培措施，就是在分析植物—病原—环境三者相互关系的基础上，运用各种农业调控措施，创造有利于植物生长发育而不利于病原繁殖的环境条件，压低病原数量，提高植物抗病性。

通过建立无病种子繁育基地或脱毒快繁基地生产和使用无病种子、无性繁殖材料或苗木，对种子传播的病害具有较好的防效。

合理的种植制度可以调节农田生态环境，改善土壤肥力和物理性质，从而有利于作物生长发育和有益微生物的繁衍，还可以减少病原物的存活。轮作是有机栽培要基本的要求和特性之一，轮作的原则要先根据病原物的寄主范围（病原物为害植物的种类）考虑轮作作物的种类，然后再根据病原物在土壤中存活的时间确定轮作的年限。合理的轮作可以使病原物因缺乏寄主（营养）而消亡，如用葫芦科以外的作物轮作 3 年能有效地防治瓜类镰刀菌枯萎病和炭疽病。实行水旱轮作，旱田改水田后病原菌在淹水条件下很快死亡，以缩短轮作周期，如防治茄子黄萎病和十字花科蔬菜菌核病需轮作 5~6 年，而改种水稻后只需 1 年。合理的间作对有些病害也有防治效果。

嫁接和胚轴切断法可以诱导植物提高抗病性。

改善立地条件，优化温度、湿度、光照、水、肥管理等均是有效的防病栽培措施。立地条件不仅是直接种植目标植物的土壤条件和地理环境，还包括周边环境，如不能有工厂等化学污染源，不能种植不适宜的植物，梨树周围有刺槐会加重炭疽病的发生，梨树和苹果周围有柏树会加重锈病的发生。合理调节温度、湿度、光照和气体组成等要素，创造不利于病原菌侵染和发病的生态条件，对于温室、塑料棚、日光温室、苗床等保护地病害防治和储藏期病害防治有重要意义，但需要根据不同病害的发病规律进行调节。水、肥管理与病害消长关系密切，氮肥过多降低植物抗病性，因此，要注意氮、磷、钾的配合使用，平衡施肥。灌水过多加重根病的发生。生长季节拔除病株，作物收获后彻底清除田间病残体，集中深埋或烧毁，保持田间卫生可以有效地减少越冬或越夏有害生物数量。

③生物防治：广义的生物防治是指利用除了人以外的各种生物因素控制植物病害；狭义的生物防治仅指利用拮抗微生物防治植物病害。利用有益微生物进行的生物防治措施是通过调节植物的微生物环境来减少病原物接种体数量，降低病原物致病性和提高植物的抗病性，生物防治对于土传病害防治效果较好，当然也可用于防治叶部病害和采后病害。

生防菌可以产生抗菌物质，抑制或杀死病原菌；菌体也可直接与病菌有竞争作用（也称占位作用），即对植物体表面侵染位点的竞争和对营养物质、氧气和水分的竞争，通过竞争作用抑制病原菌的繁殖和侵染；生防菌及其代谢产物还可能诱导植物的抗病性。

植物病害的生物防治主要通过两条途径来进行：一是直接施用外源生防菌；二是调节环境条件使已有的有益微生物群体增长并表现拮抗活性。抗根癌菌剂（放射土壤杆菌）防治园艺植物根癌病是生物防治最经典的例子，它效果好，稳定性好；拮抗性木霉制剂处理作物种子或苗床，能有效控制由腐霉菌、疫霉菌、核盘菌、立枯丝核菌和小菌核菌侵染引起的根腐病和茎腐病；含酵母菌的2%氯化钙水溶液浸渍果实可以抑制苹果果实灰霉病、青霉病、柑橘果实绿霉病、青霉病和桃果实褐腐病；另外，也可以利用耕作和栽培措施调节土壤酸碱度和土壤物理性状来提高有益微生物抑制病害的能力，例如，酸性土壤有利于木霉菌的孢子萌发，增强对立枯丝核菌的抑制作用；而碱性土壤有利于生防菌荧光假单胞菌抑制病害的作用。

④物理防治：物理防治主要利用热力、冷冻、干燥、电磁波、超声波、核辐射、激光等手段抑制、钝化或杀死病原物，达到防治病害的目的。物理防治方法多用于处理种子、苗木及其他无性繁殖材料和土壤，核辐射也可用于处理食品和储藏期农产品，处理食品时需符合法定的安全卫生标准。

干热处理法主要用于蔬菜种子，对多种种传病毒、细菌和真菌都有防治效果。例如，70℃干热处理2～3天黄瓜种子可防治绿斑花叶病毒。不同植物的种子其耐热性有差异，处理不当会降低发芽率。豆科作物种子耐热性弱，不宜干热处理。处理含水量高的种子应预先干燥；否则，会受害。

用热水处理种子和无性繁殖材料称为"温汤浸种"，利用植物材料与病原物耐热性的差异，选择适宜的水温和处理时间来杀死种子表面和内部传带的病原物而不损害植物。大粒豆类种子水浸容易吸胀脱皮，不宜于热水处理，宜用植物油、矿物油等代替水进行处理。

冷冻处理可以控制采后病害，虽然冷冻本身不能杀死病原物，但可以抑制病原物的生长和繁殖。另外，一些特殊颜色和物理性质的塑料薄膜也可用于防治蔬菜病。例如，蚜虫忌避银灰色和白色膜，因此，用银灰反光膜或白色尼龙纱覆盖苗床可以减少传毒介体蚜虫的数量，减轻病毒病害；夏季高温期铺设黑色地膜，吸收日光能，使土壤升温，可杀死土壤中多种病原菌。

3. 植物虫害防治技术

（1）种群数量监测技术。在有机农业病虫害防治中，并不是见到害虫就喷药，而是害虫的种群数量达到防治指标时，才采取直接的控制措施，实施这一措施的理论依据就是在正确理论指导下，应用正确的监测方法，对害虫的种群动态作出准确的预测。

包括利用害虫的趋性和直接取样调查法。利用趋性监测包括利用害虫的趋化性（信息素和食物）和趋光性。

用昆虫信息素监测和防治害虫：昆虫的信息素是由昆虫本身或其他有机体释放出一种或多种化学物质刺激、诱导和调节接受者的行为，最终的行为反应可有益于释放者或接受者。

（2）植物害虫的控制技术。

①农业防治：

消灭虫源：虫源系指害虫在侵入农田以前或虽已侵入农田但未扩散严重为害时的集中栖息场所。根据不同害虫的生活习性，可把害虫迁入农田为害的过程，分为3种情况：第一，害虫由越冬场所直接侵入农田（或在原农田内越冬）为害。采用越冬防治是消火虫源的好办。第二，是当害虫已进入越冬期，可开展越冬期防治。第三，越冬害虫开始活动时先集中在某些寄主上取食或繁殖，然后再侵入农田为害。把它们消灭在春季繁殖“基地”。第四，害虫虽在农田内发生，但初期非常集中，且为害轻微，把它们消灭在初发期。

恶化害虫营养和繁殖条件：害虫取食不同品种的植物，对于同种植物的不同生育或同一植株的不同部位，常有较严格的选择。作物品种的形态结构不同可直接影响害虫取食、产卵和成活。研究害虫的口器和取食习性、产卵管和产卵习性及幼虫活动等。参照作物的形态结构，选育抗虫品种，从而为恶化害虫取食条件提供依据。

改变害虫与寄主植物的物候关系：许多农作物害虫严重为害农作物时，对作物的生育期都有一定的选择。改变物候关系的目的是使农作物易遭受虫害的危险生育期与害虫发生盛期错开，从而使农作物受害减轻。

环境因素的调控：害虫发生除与大气条件有关外，农田小气候的作用也十分明显。在稀植或作物生长较差的情况下，农田内温度增高而湿度相应下降，对适合在高温低湿条件下繁殖的蚜虫和红蜘蛛是十分有利的。而在作物生长旺盛和农田郁蔽度大的情况下，对一些适于在高湿条件下繁殖的棉铃虫、夜蛾是有利的。

切断食物链：害虫在不同季节、不同种类或不同生育期的植物上辗转为害，形成了一个食物链。如果食物链的每一个环节配合得很好，食料供应充沛，就可能猖獗发生。如采取人为措施，使其食物链某一个环节脱节，害虫发生就受到抑制。

控制害虫蔓延：害虫的蔓延为害与其迁移扩散能力有关。对于迁飞能力很弱的害虫，则可通过农田的合理布局、间作和套作等以控制害虫相互蔓延为害。

②生物防治：

天敌昆虫的保护技术：

栖境的提供和保护。天敌昆虫的栖境包括越冬、产卵和躲避不良环境条件等生活场所。

提供食物。捕食性昆虫可以随着环境变化选择它们的捕食对象。它们在产卵前只需很少食物，因为幼虫（若虫）期已为生长发育积累了足够的营养。一方面捕食性昆虫的捕食量与其体形大小有关；另一方面与被捕食者的种群数量和营养质量有关。

庇护场所。提供良好的生态条件，不仅有利于天敌的栖息、取食和繁殖，同时也有利于躲避不良的环境条件，如人类的田间活动，喷洒农药等。

天敌昆虫的自然增殖技术：通过生态系统的植物多样化种植为天敌昆虫提供适宜的环境条件，丰富的食物和种内、种间的化学信息联系，昆虫天敌在一个舒适的生活条件下，使自身的种群得到最大限度的增长和繁衍。

生态系统内的植被多样性化技术：植被多样化是指在农田态系统内或其周围种植与主栽作物有密切接或间接依存关系的植物，通过利用这化植物对环境中的生物因素进行综合调节，达到保护目标植物的目的，同时又不对另外的生物及周围环境造成伤害的技术。它强调植物有害生物的治理措施由直接面对害虫转向通过伴生植物达到对目标植物与其有害生物和有益生物的动态平衡；强调有害生物的治理策略要充分利用自然生态平衡中生物间的依存关系，达到自然控制的目的。

天敌昆虫的释放技术：天敌昆虫的增强释放，是在害虫生活史中的关键时期，有计划地释放适当数量的饲养的昆虫天敌，发挥其自然控制的作用，从而限制害虫种群的发展。

赤眼蜂的释放技术：赤眼蜂的田间增强释放是一项科学性很强的应用技术，必须根据柞蚕和赤眼蜂的发育生物学和田间生态学原理，赤眼蜂在田间的扩散、分布规律、田间种群动态及害虫的发生规律等，来确定赤眼蜂的释放时间、释放次数、释放点和释放量。以做到适期放蜂、按时羽化出蜂，使释放后的赤眼蜂和害虫卵期相遇概率达90%以上，获得理想的效果。

天敌的招引和诱集技术：招引和助迁瓢虫。在自然情况下越冬的瓢虫，由于天敌和气候的影响会造成大量死亡。因此，在瓢虫越冬前进行人工招引是保护瓢虫安全越冬，积累大量虫源的积极措施。招引箱能招引瓢虫入箱越冬。

利用天敌在产卵前需要补充营养的特性，通过蜜源植物、伴生植物、替代寄主和诱集素等诱集手段达到保护和增殖天敌的目的。

③害虫行为控制技术：昆虫对某些刺激源（如光波、气味灯）的定向（趋向或躲避）运动，称为趋性。按照刺激源的性质又可分为趋光性、趋化性等。

趋光性：昆虫易于感受可见光的短波部分，对紫外光中的一部分特别敏感。趋光性的原理就是利用昆虫的这种感光性能，设计制造出各种能发出昆虫喜好光波的灯具，配加一定的捕杀装置而达到诱杀或利用的目的。

频振式杀虫灯。能够发出多数害虫较敏感的光波，诱虫效果良好。

黄板（黄盘）诱杀。许多害虫具有趋黄性。试验证明，人工将涂有颜色的黄板或黄盘悬挂，可以诱杀蚜虫、温室白粉虱、潜叶蝇等害虫。

趋化性：糖醋液诱杀。很多夜蛾类（特别是地老虎与黏虫）、叩头虫等对一些含有酸酒气味的物质有着特别的喜好。根据这种情况，很早就设计出许多诱虫液来预测和防治这些害虫。随着有机农业研究和实践的深入，诱虫液的成分和使用技术进一步得到了发展和提高，成为防治一些害虫的有力工具。

嗜食性：

植物诱杀。杨树枝把诱蛾。杨树枝把等由于含有某种特殊的化学物质，对棉铃虫有很好的诱集能力。

诱杀金龟子的植物。用有毒而又是某些害虫嗜食的植物作为伴生植物，诱杀害虫。

陷阱诱捕法：调查夜间在地面活动的害虫（如蝼蛄）或益虫（如步行虫）时，可以利用陷阱法。

激素诱杀用性诱剂防治，作用方式有两种：一种是利用性诱剂对雄娥强烈的引诱作用扑杀雄蛾，这种方法称诱捕法；另一种是利用性信息素挥发的气体弥漫于棉田来迷惑雄蛾，使它不能正确找到田间雌蛾的位置。这种方法称为干扰交配法或称迷向防治。雄蛾的死亡或迷向，都会减少雌蛾交配率，抑制下代种群数量。

害虫驱避技术：植物受害不完全是被动的，它可利用其本身有些成分的变异性，对害虫产生自然抵御性，表现为杀死、忌避、拒食或抑制害虫正常生长发育。种类繁多的植物次生代谢产物，如挥发油、生物碱和其他一些化学物质，害虫不但不取食，反而避而远之，这就是忌避作用。例如，除虫菊、烟草、薄荷、大蒜等对蚜虫都有较强的忌避作用。在菜粉蝶羽化盛期，采用挥发薄荷气味驱避菜粉蝶在甘蓝上产卵。苦楝和苦楝油对多种害虫有拒避、拒食和抑制发育的作用。在甘蓝田行间种植莳萝，成功地防治了甘蓝蚜虫。三叶草是化蓝田最有效的除虫植物，在与三叶草相邻的花椰菜和卷心菜的植株上的害虫数量低，天敌昆虫（肉食性步行虫、隐翅虫、草蛉和瓢虫等）数量大。

利用菜青虫寡食性的弱点，在生产上避免大面积连片连茬种植甘蓝类作物，特别是避免夏季栽种甘蓝，切断菜青虫食物链，使其不能在全年世代接替。番茄与甘蓝间作，番茄散发拒避菜粉蝶产卵的番茄素，使菜粉蝶在甘蓝上的产卵量降低。

④物理防护技术：通过物理方法，隔离害虫，切断害虫迁入途径，从而达到保护植物、防治害虫的目的。

防虫网：夏、秋高温多雨季节生产有机蔬菜，多采用防虫网覆盖栽培蔬菜，不但能保证蔬菜产品的安全卫生，而且还有促进蔬菜生长的作用。研究表明，防虫网覆盖能有效地抑制害虫的浸入和为害，如防虫网覆盖，对斜纹夜蛾、甜菜夜蛾的相对防效达 80.9%~100%。

水果套袋：果实套袋可以用最少的农药达到防治病虫害的目的，且因果实外有拒水袋的保护，农药无法与果实接触，可大大减少果实中的农药残留。有机农业禁止使用化学合成的农药，在有机水果生产中大力推广和使用水果套袋无疑是生产中最实用、最简单、最易操作的措施。

⑤药剂防治：

植物源杀虫剂：我国植物源农药资源十分丰富，有着开发植物源农药制剂的极为优越条件。在我国近 3 万种高等植物中，已查明有近千种植物含有杀虫活性物质。目前，常用的植物源杀虫剂包括：2.5%鱼藤乳油（鱼藤精），100%苦楝油原油，1%和5%除虫菊素乳剂或3%除虫菊微囊悬浮剂，0.36%苦参碱醇制剂，0.6%的苦参碱水剂等。

微生物源杀虫剂：

在实际应用中，主要包括微生物杀虫剂、微生物杀菌剂和微生物除草剂等，目前已经了解自然界中有 1 500 种微生物或微生物的代谢物具有杀虫的活性。真正用于农林害虫防治的微生物很多，它们是细菌、真菌、病毒、原生动物等。

昆虫病原微生物依病原的不同可分为细菌、真菌、病毒和原生动物。其致病机制、杀虫范围各有不同。

细菌。细菌具有一定程度的广谱性，对鳞、鞘、直、双、膜翅目均有作用，特别是鳞翅目幼虫，具有短期、速效、高效的特点。

真菌。真菌寄主广泛，杀虫谱广。

病毒。病毒制剂杀虫范围广，对棉铃虫、松毛虫、美国白蛾、舞毒蛾等均有很好的防治效果且持久。

原生动物。某些线虫可防治鞘翅目、鳞翅目、膜翅目、双翅目、同翅目和缨翅目害虫，主要用于土壤处理，如用斯氏线虫防治桃小食心虫和树洞注射如防治行道树上的天牛。

微孢子虫可防治多种农业害虫。用麦麸做成毒饵或直接超低量喷雾于植物上，对草原蝗虫及东亚飞蝗的防治已取得显著效果，其累计面积达33.3万公顷以上。

矿物源杀虫剂：

矿物油乳剂：机油乳剂是用于防治果树害虫的矿物油之一。

无机硫制剂：包括硫黄粉、硫黄可湿性粉剂、硫悬浮剂和石硫合剂。

4. 杂草的防治技术

杂草是组成农田生态系统中的食物网链的重要环节，是食动物类及昆虫的重要食物来源。作为农业生态系统中的初级生产者，杂草有益害之分，有些杂草是栽培植物病虫害的寄主和发源地，它们的存在会间接加重病虫对栽培植物的为害，还有些杂草则是害虫天敌的寄主，它们的存在可促进天敌生育，间接地减轻病虫对栽培植物的为害。因此，杂草防治实践上应尽可能保护和利用益草，杀除害草。

在有机农业生产中，禁止使用任何人工合成的除草剂，所以，杂草的防除应根据杂草与栽培作物间的相互依存、相互制约的关系，采取人工除草、栽培措施和生物防治方法。

(1) 人工除草。人工除草是最传统、最实用的方法。

(2) 栽培措施。根据杂草与作物间的竞争关系，通过调控植株行距、播种量、具体空间排列和不同措施的组合，建立作物与草的竞争平衡。通过缩小作物种植行距，可促使作物田埂早遮阴；高播量；推迟播种期、作物轮作、混作和覆盖等措施，抑制杂草的生长。

(3) 生物防治。主要包括以虫治草、以菌治草、以草食动物等治草及以草治草。

二、有机畜禽技术

在有机农业系统中，动物福利和它们的个体生态（心理和行为）的需要理应受到人们的尊重，康乐应该是任何畜禽饲养系统的自然组成部分，欧洲动物保护协会对此作出了如下规定：需要为动物提供饲料、饮水、照明、温暖和其他环境条件，根据它们的种类、品种、年龄、适应性变化和驯化程度，满足它们的生理学和行为学的需要。

此外，英国“家畜福利委员会”（Farm Animal Welfare Council，FAWC）宪章中也有关于动物的权力条款，其包括以下内容。

一是避免营养不良，日粮应该充分，在质量和数量两方面都能保证促进正常的健康和活力。

二是避免炎热或生理、心理的不适，环境应该不太热也不太冷，也不影响正常的休息和生命活动。

三是避免损伤和疾病。

四是自由的生活，以及社会可接受的行为方式，没有恐惧。

（一）饲养条件

在给予了充足的食物之后，对家畜福利影响最大的是畜舍建筑物的设计。集约化的畜禽养殖体系已经发展成为了减少单位畜禽成本；投入和产出达到虽大限度。但是这些系统很少关注畜禽的生活质量，忽视了许多动物个体生态特性。尽管奶牛、猪、蛋等在这些系统持续地使奶、肉和蛋的经济回报最大，但不能证明他们没有问题。对这个“畜禽养殖系统”的“动物福利”的讨论，人们普遍的认为，单从畜禽养殖来说，常规畜牧场没有一幢畜舍建筑或管理系统合乎动物福利的要求。

有机畜牧业与常规畜牧业有本质上的不同。在动物生产和健康保障方面，最主要的区别在于畜舍建筑，包括动物自由活动的空间，垫草的使用和良好的自然通风。禁止混凝土地板、石板（条板）。家畜放牧季节将自由接受牧草，虽然这样可能限制牛群和羊群的规模，但极大地满足了动物的行动需求。

尽管允许动物放牧，但粗放的放牧对动物和牧场都会造成损害。如果放牧的地方太小或环境不适合会引起许多动物健康问题。如果动物没其他地方可去，猪在冬天能毁坏非常大的地面。家禽用它们的利爪只能在它们房舍周围找食物，因此，需要足够的自由活动土地。

（二）饲养场地

有机生产者必须为畜禽创建一个能保持其健康、满足其自然行为的生活条件。在适当的季节，应使所有畜禽都到户外自由运动，并提供足够面积的运动场。选择饲养场或运动场地时应保证动物在遮阳处、畜禽棚及其他活动场所能呼吸到新鲜空气，能得到充足的阳光，能达到动物生产所要求的适宜地点、气候及环境条件。

散养的家禽，应能够满足其自然的行为类型，需要充足的空间去展示自然的运动和呈现自然姿势，同时，还应有良好的环境和秸秆垫草、同伴、舒适和娱乐。

（三）饲养圈舍

设计畜（禽）舍应考虑动物福利和健康的基本原理。这并不意味着仅仅简单考虑畜舍本身。还应考虑促进个体生态的畜舍调控系统和动物的活动场所。

有机农场的畜舍系统是建立和谐的人和动物关系。农场建筑的设计和建设通常在专家指导下完成，专家具有足够的知识和信息。建筑物的设计应适合有机农场家畜的需要。必须取得足够的自然通风和户外自洁的潜力。厩舍的设计必须能够使每个动物在所有时间能随意采食和饮水。有足够的地方去运动和躺在铺有稻草的温暖又舒适的床上，也适合畜群组织和等级制度的建立，当家畜休息的地方被弄脏时，要容易更新、清除和恢复。要保证畜舍地板或泥浆通道容易被拖拉机清洁装置或机械铲运清走。

畜舍消毒是必需的，要适合家畜舒服和生产的需要。

预留隔离间的用途是当动物患病、生小牛或受伤害时使用。当小牛出生时，畜舍应能同时容纳小牛和母牛。总之，饲养环境（圈舍、围栏等）必须满足下列条件。

足够的活动空间和时间畜禽运动场地可以有部分遮蔽；空气流通，自然光照充足，但应避免过度的太阳照射；保持适当的温度和湿度，避免受风、雨、雪等侵袭；足够的垫料；足够的饮水和饲料；不使用对人或畜禽健康明显有害的建筑材料和设备。

（四）饲养密度

动物的饲养密度根据动物的种类和饲养方式的不同而不同。理想的情况是在占有的土地上生产的所有食物和纤维性饲料都被农场内的畜禽所消耗，提倡发展自我维持系统。GB/T 19630《有机产品》中尚未对饲养动物的密度提出具体的要求。

1. 散养动物的密度

放牧密度的标准因家畜类型、农场地形、生产制度、本地气候及其他环境因素而异。在农场中，放牧密度由牧场的载畜量而定，同时还需要虑到粪便的排放和饲草的需要量。由于气候因素很难预测，再加上恶劣气候发生频繁，因此，在制定放养密度时要留有余地。过度放牧会导致寄生虫增加，影响家畜健康，引发家畜疾病。考虑放牧密度不仅是动物福利的问题，而且是农场主必须考虑的环境福利问题，凡能对家畜造成污染和引起土壤退化、侵蚀的生产活动都是不合理的。

研究发现，在最适合放牧量（而不是最大放牧量）的情况下，家畜在集约化条件下的生产力小于自然条件下的生产力。这一事实经常被集约化养殖中单位空间的高生产力和因药物治疗而降低的疾病发生率所掩盖。

目前，欧盟等国家对动物的饲养密度有明确的规定，我国暂时还没有这方面的要求。但饲养企业应该根据动物的行为习性，为它们提供尽可能充足的饲养和活动面积。

2.圈养和笼养动物

对于牛、羊和猪等牲畜，根据其体形的大小，每头所占用的空间面积为1~10平方米，在这里提到的空间面积是指室内喂养时的净使用面积，而蛋鸡等家禽的密度则应相对增加，每平方米为6~20只，室外的运动面积一般不能低于室内的使用面积，企业可以根据实际情况自行决定。

（五）饲料和营养

有机养殖首先应以改善饲养环境、善待动物，加强饲养管理为主，应按照饲养标准配制日粮。饲料选择以新鲜、优质、无污染为原则。饲料配制应做到营养全面、各营养元素间相平衡。所使用的饲料和饲料添加剂必须符合有机标准要求。一般情况下，有机生产中动物饲料应尽量满足以下条件，饲料应满足牲畜各生长阶段的营养需求，饲料应保证质量，而不是追求最大产量；动物应自由取食，禁止强行喂食。

提倡使用本单位生产的饲料，条件不允许时，可使用其他遵守有机养殖规定的单位或企业生产的饲料。

三、有机水产品生产技术

（一）有机水产品的转换

向有机水产品转换是建立和发展有活力的、可持续的水产生态系统的过程。有机转换期是从有机管理开始到产品获得有机认证之间的时间。水产品生产品可以根据其生物学特性、采用的技术、地理条件、所有制形式以及时间跨度等因素，确定转换期长度。《有机产品》国家标准规定，封闭水体养殖场从常规养殖过渡到有机养殖，至少需要经过12个月的转换期。“所有引入的水生生物都必须至少在其后的2/3的养殖周期内采用有机方式养殖”，野生或固定的水产生物可不需要转换期，但采集区域必须经过检查，其水质、饲料等都符合标准。采集区域为水体可自由流动而且不受任何禁止物质影响的开阔水域。

（二）生产区域的位置及选择

虽然我国有辽阔的水产养殖区域，但由于近几年工农业的迅速发展，很多区域受到不同程度的污染，所以，确立和采集机水产品水域时，应该特别注意其周围的环境与水体情况。

1. 养殖区

养殖区应具备以下条件。

（1）水源充足，常年有足够的流量。

（2）水质符合国家《渔业水域水质标准》。

（3）附近无污染源（工业污染、生活污染），生态环境良好。

（4）池塘进排水方便。

（5）海水养殖区应选择潮流畅通、潮差大、盐度相对稳定的区域。养殖区注意不得近河口，以防污染物自接进入养殖区造成污染，或因洪水期受淡水冲击使盐度大幅度下降，导致鱼虾的死亡。

（6）水温适宜，5—10月一般为15~30℃，其中，7—9月应为25~30℃，可根据不同养殖对象灵活掌握。

(7) 交通方便，有利于水产品苗种、饲料、成品的运输。

2. 采集区

根据保护周围的水环境和陆地环境的原则确定生产区域的位置。未受污染的、稳定的、可持续发展的区域可以确定为有机水产品采集区。采集区内可以采集野生、固定的生物。

(三) 品种和育种

有机水产品除选择高产、高效益的品种外，还应考虑对疾病的抗御能力，尽量选择适应当地生态条件的优良品种。为了避免近亲繁殖和品种退化，有条件的有机水产养殖场应尽可能选用大江、大湖、大海的天然苗种作为养殖对象。

有机水产养殖人工育苗，应以“在尽可能的低投入条件下，获得具有较高生长速度的优质种苗”为宗旨。通常采用亲本培育和杂交制种的育种方法。在条件许可的情况下应该从有机系统中引入生物。但不允许使用三倍体生物和转基因品种。

(四) 养殖清塘

苗种放养前须先进行池塘修整和用药物清塘，主要目的如下。

(1) 杀死有害动物和野杂鱼，减少敌害和争食对象。

(2) 疏松底土，改善土层通气条件，加速有机物转化为营养盐类，增加水体的肥度。

(3) 杀死细菌、病原体、寄生虫及有害生物，减少病害的发生。

(4) 清出淤泥，既可作肥料，又可加深池塘的深度，晒干后还可用于补堤。

清塘一般在收获后进行，先排干塘水，暴晒数日后挖出多余的淤泥，耕翻塘底，再暴晒数日，平整塘底，同时修补堤沟。放苗前7~15天用药物清塘。清塘药物的种类包括生石灰、茶粕、生石灰和茶粕混合物、漂白粉和巴豆等。

（五）营养种类和供应

1. 营养种类

（1）蛋白质和氨基酸。蛋白质由多种氨基酸组成。按营养上的重要性，氨基酸分为必需氨基酸和非必需氨基酸两类。饲料中蛋白质的质量决定于必需氨基酸的含量和组成，但是，非必需氨基酸也有节约或替代部分必需氨基酸功能，这种节约作用在配制饲料时应充分利用。

（2）脂肪。脂肪能够提供能源、必需脂肪酸并作为脂溶性维生素的媒介物。脂肪在鱼饲料中的含量为10%左右。脂肪的数量和质量对鱼类的健康和生长均起很大的作用。海水鱼类和冷水性鱼类对脂肪酸的要求较一般淡水鱼类为高。

（3）碳水化合物。碳水化合物是廉价能源。鱼类具有消化碳水化合物的酶类，因此碳水化合物能够作为鱼类的能源物质，具有节约蛋白质的功能。但是，鱼类利用碳水化合物的能力有限，不仅因种类而异，而且与饲料营养因素的平衡状况有关。一般冷水性和温水性鱼类饲料的适宜碳水化合物含量分别为20%和30%左右。

（4）矿物质。矿物质也称无机盐类，是鱼体的重要组成成分，对维持鱼体正常的内部环境，保持物质代谢的正常进行，以及保证各种组织和器官的正常活动是不可缺少的。鱼类所需的矿物元素主要有钙、磷、镁、钠、钾、氯、铁、铜、碘、锰、锌、硒等。

（5）维生素。维生素是动物生长发育必不可少的一类营养物质，缺少了它就会影响动物的生长发育。

（六）营养供应

应该根据生物的营养需求平衡水产生物的饲料，水生生物的饲料应该含有100%的有机认证的材料或者野生饲料。如果没有足够的有机认证材料或野生饲料，可以允许最高5%的饲料来自常规系统。不适合人类消费的有机认证的加工副产品和野生海洋产品可以用作饲料配料。在需要饲料投入的系统内，至少50%的水产动物蛋白应来自不适合人类消费的加工副产品、下脚料或其他材料。只要矿物添加物质是天然形态，就允许使用。

饲养生物时允许天然的摄取行为，尽量减少食物流失到环境中。

在有机水产品生产中，下列产品不能作为添加剂或以其他任何形式提供给生物，它们包括：人工合成的生长促进剂和兴奋剂、人工合成的开胃剂、人工合成的抗氧化剂和防腐剂、人工合成的着色剂、尿素、从同种生物来的材料，用溶剂（如乙烷）提取的饲料，纯氨基酸，基因工程生物或产品，禁止任何形式处理的人粪尿。

在允许的条件下，应该使用天然的维生素、微量元素，细菌、真菌和酶，农产品加工业的废料（如糖蜜）植物产品作为水生生物的饲料添加剂。

（七）养殖对象的健康与预防疾病

因为水生生物大部分生活在水中，疾病既不易发现，又难以治疗，因此应以预防和防止传染为主。同时，由于疾病的发生与其本身的抗病力、病原的存在和不良的环境条件有着密切的关系，所以预防工作必须贯穿于养殖全过程。

应从各项技术管理措施和不同的环境条件出发，全面考虑病害的预防问题，其措施主要包括以下几个方面。

（1）抓好池塘的清淤、清池和药物消毒工作，这是防病的重要环节。

（2）实行苗种消毒，减少病原体的传播，控制放苗密度，掌握准确的投苗数量，为养成期的科学投饲管理打好基础。

（3）加强水质的监测和管理，坚持对养殖用水进行定期监测，包括水温，盐度、酸碱度、溶解氧、透明度、化学耗氧量、病原体等，发现问题及时采取防范措施。

（4）定期投喂植物源或矿物源的药饵，提高养殖对象的抗病能力。

（5）改革养殖方式和方法，开展生态防病，如稻田养鱼、养蟹、养蛙。虾鱼贝、虾藻混养和放养光合细菌等，净化和改善水质。

（6）加强疾病的检测工作，早发现早治疗，切断病菌的传播途径，以防蔓延。

有机水产品养殖的疾病防治用药应严格按照有机标准，禁止使用对人体和环境有害的化学物质、激素、抗生素；禁止使用预防性的药物和基因产品（包括疫苗），提倡使用中草药及其制剂、矿物源渔药、动物源药物及其提取物、疫苗及微生物制剂。

四、有机蜂产品生产技术

（一）转换及其转换期

蜂产品的生产同农产品、畜禽产品和水产品生产一样，要经过转化过程。虽然蜜蜂的采集活动介于人工和自然之间，但只有在完全遵守《有机产品》国家标准所要求的有机产品生产方法至少 1 年以后，其产品才能作为有机产品出售。在整个转换期内，人工蜂蜡必须被天然的蜂蜡所替代。

（二）品种

选择品种时，必须考虑其生存能力和对疾病抵抗能是否能适应当地的环境条件，应当优先选择意大利蜂、中华蜜蜂及适合当地生态环境的变种。

（三）饲养场所

蜂场地要求背风向阳，地势高燥，不积水，小气候适宜。蜂场周围的小气候，直接影响蜜蜂的飞行、出勤，收工时间以及植物产生花蜜。西北面最好有院墙或密林；在山区，应选在山脚或山腰南向的坡地，背面有挡风屏障，前面地势开阔，阳光充足，场地中间有稀疏的小树。这样的场所，冬、春季可防寒风吹袭，夏季有小树遮阳，免遭烈日暴晒，是理想的建场地方。蜂场附近应有清洁的水源，若有长年流水不断的小溪，以供蜜蜂采水，则更为理想。蜂场前面不可紧靠水库、湖泊、大河，以免蜜蜂被大风刮入水中，蜂王交尾时容易溺水，这对蜜蜂的繁殖十分不利，是常规养殖经常忽略的问题。有些工厂排出的污水有毒，在污水源附近不可设置蜂场。蜂场的环境要求安静，没有牲畜打扰，没有振动。在工厂、铁路、牧场附近和可能受到山洪冲击或有塌方的地方不宜建立蜂场。农药厂或农药仓库附近放蜂，容易引起蜜蜂中毒，也不宜建场。在糖厂或果脯厂附近放蜂，不仅影响工厂工作，还会引起蜜蜂伤亡损失。

一个蜂场放置的蜂群以不多于50群为宜，以保证蜂群充足的蜜源，并减少蜜蜂疾病的传播。注意查清附近有无虫、兽敌害，以便采取相应的防护措施。

（四）饲养

蜂群一年要经过恢复时期、发展时期、强盛时期、秋季蜜蜂的更新时期和越冬时期。每个时期都有其相应的管理技术。

当极端的气候条件使蜜蜂难以存活时，可进行人工饲喂。应饲喂有机生产的，而且最好是来自同一有机生产的单位的蜂蜜；但当由于气候原因而引起蜂蜜结晶的时候，可以使用有机生产的糖浆或糖蜜来替代蜂蜜进行人工饲喂。并应如实记录人工饲喂的信息，包括产品类别、口期、数量和使用的地点。人工饲喂只能在最后一次收获蜂蜜后、下一次收获蜂蜜的 15 天前进行。

（五）疾病的预防和治疗

病毒、细菌、寄生虫引起的传染性蜜蜂病虫害对养蜂生产有很大的危害，应采取“预防为主，治疗为辅”的方针，选育和饲养抗病力强的蜂种、饲养强群。发生传染病要抓紧治疗，将蜂箱、巢脾、蜂具彻底消毒，消灭病源。

蜜蜂的致病病毒有 10 余种，主要包括囊状幼虫病和麻痹病。细菌病有美洲幼虫腐臭病和欧洲幼虫腐臭病；真菌病有白垩病和黄曲霉病；寄生螨有大蜂螨和小蜂螨两种。

1. 疾病预防

蜜蜂的疾病预防措施包括如下方面。

（1）选择相对健壮的品种。

（2）采取一定的措施来增强蜂群疾病的抵抗力。如定期换蜂王。

（3）对蜂箱进行系统的检查。

（4）定期更换蜂蜡。

（5）在蜂箱内保留足够的花粉和蜂蜜。

（6）材料和设施的定期消毒，销毁被污染的材料和设施。

蜂具消毒的办法包括：福尔马林消毒、食盐水消毒、冰醋酸消毒、漂白粉消毒、硫黄消毒、石灰消毒和氢氧化钠消毒。

2. *疾病治疗*

药品的使用应按照标准要求，优先使用光线疗法和顺式疗法性质的药品。在感染时，可以使用蚁酸、乳酸、醋酸、草酸、薄荷醇、麝香草酚、桉油精或樟脑。禁止使用化学合成药品进行疾病预防。

无论何时使用药品，都应详细记录如下内容：诊断的细节、药品的类型（包括要成分）、剂量、用药的方法、治疗持续时间、停药时间。必要时，将其呈报给检疫机构或相关部门。

第七章　农产品质量安全追溯管理

可追溯性是利用已记录的标识（这种标识对每一批产品都是唯一的，即标识和被追溯对象有一一对应关系，同时，这类标识已作为记录保存)、追溯产品的历史（包括用于该产品的原材料、零部件的来历)、应用情况、所处场所或类似产品或活动的能力。

第一节　农产品质量安全追溯体系的建立

国外实施可追溯性管理的一个重要方法是在产品上粘贴可追溯性标签或直接将产品信息印刷在包装上。可追溯性标签记载了农产品的可读性标识，通过标签中的编码可方便地到农产品数据库中查找有关农产品的详细信息。通过可追溯性标签也可帮助企业确定产品的流向，便于对产品进行追踪和管理。

第二节　农产品质量监察体系的建立和实施

一、电子式追溯管理

电子式追溯管理是以电子化信息为手段、检测合格为控制点、追溯码贯穿始终的农产品质量安全追溯管理体系，实现农产品质量电子信息的正向监控与逆向追溯，这也是具有杭州特色的追溯管理体系的重要组成部分。这种方法适用于散装的农产品，如蔬菜、水果、水产品、畜产品和茶叶等，可采用二维码（一维码）信息进行追溯，也可采用芯片信息进行追溯。

采用二维码（一维码）信息进行追溯，各地有不同的软件设计和应用，消费者可以利用自己的手机或 ATM 或计算机查询。可分为 3 种类型：采用计算机跟踪追溯，采用耳标信息追溯和采用防伪标志进行追溯。

二、书写式追溯管理

利用纸质材料，用手工书写的方式传递产品信息，实现可追溯。这种方法是在没有电脑或电子信息系统的情况下使用，其优点是简便，缺点是纸质材料易破损甚至字迹不清。

实行产地证明制度。产品出场有产地证明，写明业主、产地、产品合格性、出品时间、销售去向等可追溯信息。一般情况下，产地准出证明由生产者出具。

在此基础上，实行“一票通”管理。产品进入市场后，经营者按产地证明信息书写“三联单”，产品在流通过程中，“三联单”跟随，直到消费者实现追溯管理的基础是生产领域控制好农产品质量安全信息。

三、包装式追溯管理

包装式追溯是指具有追溯功能的包装，即对每一个产品的外包装进行标记，且每一个产品标识都是唯一的，使标记和被追溯对象有一一对应关系，使用包装式追溯具有以下优点。

一是可追溯性包装能够识别直接供方的进料和终产品的分销途径。

二是可追溯性包装具有唯一标识，其产品的个体和批次标识都就有唯一性。

三是通过可追溯性包装上的标识，可以了解到产品或者厂家相关信息，如地址。联系电话等。

四是企业可以通过可追溯性包装来加强对分销商的控制，有利于防伪防窜货。

第三节　农产品质量安全的追溯管理要求

一、生产环节的控制要求

（一）投入品记录

农产品生产过程的苗种、饲料、肥料、药物等投入品，在进货时，应收集进货票据，并进行登记。

（二）生产者建档

农产品生产者按“一场一档”的要求建立生产者档案。农业生产的管理部门应建立农产品生产基地和企业的档案，进行信息登记，并向登记的生产者发放“农产品产地标志卡”，内容应包括唯一性编号、基地名称或代号等信息。

（三）生产过程记录

种植过程记录内容包括种植的产品名称、数量、生产起始的时间、使用农药化肥的记录、产品检测记录。养殖过程记录包括养殖种类和品种、饲料和饲料添加剂、兽（鱼）药、防疫、病死情况、出场（栏）日期、各类检测等记录。

（四）销售记录

农产品从生产到流通领域时，农产品生产者做好销售记录。内容包括销售产品的名称、数量、日期、销售去向、相关质量状况等。

二、从生产到流通的对接要求

生产领域的农产品进入流通领域时，应向流通领域提供相关农产品产地标识卡、产地证明或质量合格证明等；交易时应向采购方提供交易信息票据，内容应包括品名、数量、交易日期、供应者登记号等信息。

三、农产品质量安全追溯管理各相关方职责

农产品生产企业是生产领域质量安全追溯管理第一责任人，进行生产质量安全的控制、农产品溯源台账的建立和管理等工作；农产品生产的管理部门负责组织生产领域农产品质量安全相关的培训、宣传；建立生产基地台账，发放相关产品产地标志。

四、实行严格的产品质量控制制度

一是农产品出场时，生产者应进行农药残留或感官的自检；农业管理部门按监督检测制度实施农产品的抽查、检测，并公布检测结果。

二是生产者发现产品不合格时，应及时采取措施，不得将不合格品进入流通销售。当销售到流通环节的农产品被确认有安全问题时，生产者应做好追溯、召回工作。

三是农业生产的管理部门应督促进行质量安全的追溯，当不合格农产品已进入流通领域，要求生产企业召回不合格产品，按溯源流程进行不合格产品的追溯。

主要参考文献

李明. 2018. 农产品质量安全实用技术培训教材［M］. 西宁：青海民族出版社.

刘长英，张军贤. 2018. 农产品质量安全监管手册［M］. 郑州：中原农民出版社.

欧阳喜辉，黄宝勇. 2019. 农产品质量安全检测操作实务［M］. 北京：中国农业出版社.

王艳，方晓华. 2018. 农产品质量安全应急管理原理与实务［M］. 北京：中国质检出版社、中国标准出版社.

虞轶俊，范克强. 2016. 农产品质量安全监管工作指南［M］. 北京：中国农业出版社.